淮南潘谢采煤沉陷区水资源环境研究

范廷玉　王　顺　程书平　等著

U0283792

中国建材工业出版社

图书在版编目（CIP）数据

淮南潘谢采煤沉陷区水资源环境研究/范廷玉等著
. --北京：中国建材工业出版社，2023.9
ISBN 978-7-5160-3809-3

Ⅰ.①淮…　Ⅱ.①范…　Ⅲ.①煤矿开采—采空区—水
资源管理　Ⅳ.①P641.4

中国国家版本馆 CIP 数据核字（2023）第 144034 号

淮南潘谢采煤沉陷区水资源环境研究

HUAINAN PANXIE CAIMEI CHENXIANQU SHUIZIYUAN HUANJING YANJIU

范廷玉　王　顺　程书平　等著

出版发行：中国建材工业出版社
地　　址：北京市海淀区三里河路 11 号
邮　　编：100831
经　　销：全国各地新华书店
印　　刷：北京印刷集团有限责任公司
开　　本：787mm×1092mm　　1/16
印　　张：11.75
字　　数：280 千字
版　　次：2023 年 9 月第 1 版
印　　次：2023 年 9 月第 1 次
定　　价：48.00 元

前　言

　　两淮矿区是我国东部重要的煤炭基地之一，地处黄淮海平原，区域潜水位高、松散层厚。淮南矿区位于淮河以北平原地区，煤炭资源丰富，煤层层数多，厚度较为稳定，煤系地层上覆新生界松散含隔水层。长期的多煤层重复井工开采导致大面积地表沉陷，改变了水资源的赋存条件和循环规律，降雨、浅层地下水、天然河流等补给来源导致沉陷区常年积水或季节性积水，形成了独特的区域地表水-浅层地下水的交互规律，同时也促进了区域土地资源向水资源的转化。2020 年淮南潘谢矿区沉陷水域面积达 26.63km^2，水资源量达 1.67 亿 m^3，采煤沉陷积水区水资源可作为区域水资源的必要补充，也是矿区可持续发展的重要保障。全面掌握沉陷区地表水、浅层地下水水资源环境质量对沉陷区水资源协调开发具有重要意义。

　　本书以淮南潘谢矿区典型采煤沉陷区作为研究区域，选择典型的采煤沉陷水域作为研究对象，建立适用于采煤沉陷区的水资源环境调查方法，系统调查采煤沉陷区水资源环境特征，研究采煤沉陷区地表水和浅层地下水水量转化关系、煤矸石堆放区地表水与浅层地下水变化特征，构建采煤沉陷水域水生态环境评价方法，综合评价了采煤沉陷水域水生态环境质量，提出采煤沉陷区水资源保护与综合利用的措施。相关研究为高潜水位矿区水生态环境保护与水资源高效开发利用提供了理论与方法借鉴，也可作为从事矿山生态环境保护科研与工程技术人员的参考。

　　本书共分 8 章。第 1 章绪论，由范廷玉、程书平编写；第 2 章区域背景，由范廷玉、王顺编写；第 3 章采煤沉陷区水资源调查，由范廷玉、王顺、徐良骥、严家平编写；第 4 章采煤沉陷区浅层地下水资源的分布特征，由范廷玉、王顺编写；第 5 章地表水与浅层地下水水质特征研究，由范廷玉、王顺、王兴明编写；第 6 章煤矸石堆存区地表水与浅层地下水水质特征，由严家平编写；第 7 章采煤沉陷水域水生态调查与评价，由范廷玉、程书平、方王凯、王顺编写；第 8 章采煤沉陷区水资源保护与综合利用，由范廷玉、程书平编写。全书由范廷玉、严家平、徐良骥统稿、定稿。

　　本研究得到安徽省高等学校科学研究项目（自然科学类）重点项目（2023AH051225）、国家自然科学基金（编号：41402309）、安徽省重点研究与开发计划项目（2022h11020024）、淮南矿业集团科研攻关项目的资助。在此，向以上单位和个人表示诚挚谢意。在本书编写过程中，参考、引用了相关学者的文献资料，在此向文献作者表达衷心感谢，如有引用失当之处，敬请谅解。

　　由于编者水平和时间所限，书中难免存在不足之处，企盼读者朋友批评指正。

著者

2023 年 2 月

目　　录

1 绪 论

1.1 研究意义

中国能源结构"富煤、缺油、少气"，煤炭在我国一次能源中占主导地位，是我国国民经济发展的能源基石。安徽两淮矿区是我国 14 个亿吨级大型煤炭基地之一。煤炭以井工开采为主，2021 年全国原煤产量 40.7 亿 t，安徽原煤产量累计 11255 万 t[1]，占全国原煤产量的 2.7%。安徽省境内含煤面积达 17950km²，占全省总面积的 12.9%，其中淮北、淮南煤田主要含煤地层为二叠系，可采煤层 2~18 层，可采总厚度 3~33m。煤层结构简单，埋藏集中，储量占全省总储量的 99.2%[2]，已探明煤炭储量近 300 亿 t，其中淮南远景储量 444 亿 t，探明储量 153 亿 t。境内主要大型煤炭企业包括淮河能源集团、淮北矿业集团、皖北煤电集团和中煤新集集团。

两淮地区是我国农业主产区，水资源是当地经济发展的重要保障，2020 年末，两淮地区人口分别为 303.35 万、197.03 万人[3-4]，占安徽省人口的 8.2%。水资源消耗中以灌溉用水和居民用水占主导，2019 年淮北市农田灌溉用水量、居民用水量分别为 1.47 亿 m³、0.94 亿 m³，淮南市农田灌溉用水量、居民用水量分别为 10.59 亿 m³、1.51 亿 m³，均占各市用水总量的 57.1%、58.2%[5]。

两淮矿区采煤以井工开采为主。开采过程中煤层的破碎、运出以及回填过程中伴随着顶板"三带"的形成，使原有完整煤层变成了新的破碎带，多煤层开采破坏了煤层覆岩原有的应力平衡状态，煤层顶底板的冒落与垮塌，顶板与底板含水层的涌水，不可避免地导致地表沉陷移动变形，造成了原有地下水赋存条件的改变，进而改变了地下水资源的循环与转化过程。含煤地层上覆几十米到 300 余米的巨厚松散层，潜水位在 1~3m，当工作面推进长度达到顶板埋深的 1/4~1/2 时，地表开始沉陷⑥，并随着工作面的推进，沉陷深度和范围逐渐增大，改变了土体结构与地表微地貌形态，如坡度、坡向、高程等；当沉陷深度达到潜水位时则会形成积水，并随着沉陷深度加大积水深度也逐渐增大，多煤层开采则进一步扩大了采煤沉陷积水区的规模。沉陷积水区的形成改变了局部水资源的循环模式，原有地表耕地演变成积水区。截至 2019 年年底，淮南沉陷面积达 262.47 平方公里（39.37 万亩），其中农用地面积 20.84 万亩，涉及人口 33.1 万人，对当地的社会与生态都造成了一定的影响。

两淮地区水资源先天不足，尤其是地下水资源匮乏，2020 年淮南农业产量（307.45 万 t）、淮北农业产量（149.4 万 t）占安徽省（4019.2 万 t）的 11.37%[3,4,7]。2019 年淮北市水资源总量 4.8 亿 m³，其中地表水资源量 1.84 亿 m³，地下水资源量 3.87 亿 m³；淮南市水资源总量 7.76 亿 m³，其中地表水资源量 5.42 亿 m³，地下水资源量 3.42 亿 m³，不及安徽省均值的 1/4，其中地下水资源量分别为 3.87 亿 m³、

3.52 亿 m^3，不足安徽省均值的 $1/3$[5]。地下水资源既是两淮地区重要的水资源来源，也是"四水"转化中的关键环节之一，尤其是浅层地下水作为桥梁和纽带连接了地表水和深层地下水，在水量和水质两个方面影响着区域水资源循环。

近十年来，作者研究团队围绕两淮采煤沉陷区水资源开展了大量的基础现场调查与研究实践，建立了采煤沉陷区水资源环境调查与评价方法，对两淮采煤沉陷区进行现场踏勘与原位监测，构建地表水—浅层地下水交换概念模型，研究区域内地表水与浅层地下水交换规律为东部高潜水位采煤沉陷区水资源高效开发利用提供参考。

1.2 国内外研究现状

相对于天然水体采煤沉陷积水区水体，动态演变是采煤沉陷区的"标志"，由地表变形的不断演变引发了水文循环的变化、水体生态环境的变化。据现场观测，高强度综放开采导致地面下沉速率可达 $375mm/d$[8]。伴随采煤过程，地表动态沉陷过程分为下沉发展阶段、下沉充分阶段、下沉衰减阶段，而地表变形速度可细分为地表倾斜变形速度和地表水平变形速度两种形式[9]，整个沉陷过程贯穿整个煤矿运营期，甚至闭矿后相当长一段时间仍在持续，时间尺度在几十年到上百年不等。地表的沉陷变形强度大，持续时间长，我国东部地区潜水位高，加之降雨量丰富，形成的大面积沉陷积水区是区域水资源中重要的组成部分。目前，国内高校与大型煤炭企业的学者与工程技术人员围绕采煤沉陷区的水环境、水资源、水生态做了大量的科学研究与工程实践。

1.2.1 采煤沉陷区水环境研究

两淮地区采煤沉陷积水区的形成与当地的气候、水文地质条件密不可分。地处淮河中段，地表水系发达且地势低洼（地表标高低于 $20m$ 的低洼地有 $132km^2$），区内淮河干支流水系发达，有淮河、西淝河、永辛河、港河、泥河、济河等水系。当地表下沉 1.5 米左右时，采煤沉陷区便可形成积水[10]，补给来源有大气降水、地下水补给以及周边河流侧向补给[11]，大面积沉陷水域的形成改变了当地的水资源局部循环，对当地的地表河流、浅层地下水等影响不可忽略。近年来，不少学者开展了采煤沉陷区基础调查、景观生态和可持续生态环境管理等方面的研究。

国外学者主要在煤矿开采活动塌陷区的水质监测基础上提出了相应的监测技术和管理措施。如采用美国环保局开发的大尺度系统、集水区规模水资源管理等技术对采煤沉陷区水质监测并提出相应的管理措施[12-13]、利用地理信息系统（GIS），通过 GIS 来分析沉降区地下水位、地面、基础设施和水盐度的环境影响[14-19]，通过 GIS 利用概率积分模型的方法定量分析采矿沉降对环境的影响[20]，研究采煤沉陷区水资源环境中地表水和地下水的水质、水位、地形地貌等[21]，建立采矿沉陷区水力平衡关系来确定沉陷区地下水的流量参数[22]。

国内学者的研究涵盖沉陷水域水质、水量调查与评价、水资源环境的动态演变模型预测与综合利用等。通过水质指标、微生物学指标等建立水质综合评价模型来判断沉陷区的污染情况以及各水域的用途[23]；通过采煤沉陷区水体中的氮、磷、无机盐、有机污染物和重金属等污染因素的时空分布，迁移转化规律和来源进行研究评价，为沉陷水域的生态保护和合理利用提供依据[24-30]；利用同位素标记的方法，通过采集河水、沉陷区水和矿山排水水样，利用硫和氧同位素追踪水体中硫酸盐，从而追踪采煤沉陷区水体污染物的来源[31]。

在采煤沉陷区水环境影响因素的研究方面，在复杂的外部环境的影响下，研究区域内的水质受到不同程度的污染，相关测试指标还具有时间积累效应[32]，煤炭开采、居民生活、农业生产等人类生产活动均会引起采煤沉陷区水体污染物含量的增加[33-34]。通过监测淮南潘一矿区的两个典型塌陷水域的水质，封闭型水体水质状况由水体中央向两岸递减，而开放型水体受河流影响水质相对比较差[35]。内部环境影响主要由内部环境改变而导致，如：受塌陷年限长短和周边生态环境的影响会表现出明显的差异性，存在着季节性变动[36]；采煤沉陷引起的河道基岩下沉和严重压裂等因素也可能对沉陷区水体产生影响[37]。采用灰色理论建立隶属函数模型，利用多目标综合指数评价矩阵，可了解水体富营养化的影响因素[38]；通过 ArcGIS 的空间插值分析，对污染物单因子的空间插值栅格图进行叠加，可建立多因子综合污染评价模型，实现了具有空间分布特点的水质综合评价，使评价成果直观地体现在水质评价模拟图上[39-40]。虽然评价的方法多种多样，但对于受多重因素影响的采煤沉陷区而言，依然缺乏系统全面的水质评价标准。

在水质模型方面，国内一些学者在原始观测实验的基础上，建立了水质模型，对沉陷水域的主要指标进行模拟分析。如利用淮南采煤沉陷区各水平年不同水文条件下的二维非稳态（FVS格式）水质模型及富营养化预测模型，用于了解不同需水条件和治理措施下的水质浓度场分布及其富营养程度水平[41]。也有学者考虑了沉陷水域动床的影响，建立了生态-水质数学模型预测沉陷水域水质演变，对淮南张集矿和顾桥矿不同沉陷年龄的水域水质进行模拟计算[42]。该类模型主要适用于稳沉采煤沉陷区，但长期来看采煤沉陷区处于一个动态变化的过程，沉陷区的范围会随着时间的推移不断加深和扩展，也会造成沉陷区水域底部的持续下沉以及不同沉陷区的衔接合并。因此，现有采煤沉陷区的水质模型仍应当充分考虑各种因素，并进一步完善。

1.2.2 采煤沉陷区水生态研究

水生态环境监测与评价研究包括流域生态水量、生物多样性、重要水生生物的生境、生态恢复、生态保护与修复、水生态综合治理等[43]，最早由英国、美国、欧盟、澳大利亚等西方国家开始实施并相继提出标准化技术[44]。

因其水文地质结构存在着特殊性，国内外对采煤沉陷区的水生态环境研究相对缺乏。沉陷过程中，地表汇水条件随着地表沉陷发生改变，同时也改变了地表降水的径流，甚至使有些地表水系慢慢消失[45]，从而导致不同含水层连通，使得上层地下水水位线降低，地表井泉消失[46-47]；地表水在下渗的过程中可能会带入地表的有害污染物进入地下水，同时在采煤过程中产生的废渣、废油、废水也会对地下水造成二次污染[48]；在地表，降水、地下水补给、地表径流的共同作用下，沉陷区域形成了大面积沉陷水域，陆生生态系统被破坏和退化，水-陆复合型生态系统逐渐形成[49]，这不仅对当地原本的生态环境造成巨大影响，也将彻底改变当地依靠土地而生存的居民的生活和生产方式[50]。采煤沉陷积水区形成后，原有肥沃土壤表层中的有机质逐渐被分解、流失，水体出现不同程度的富营养化。大面积的沉陷积水区不仅改变了当地的水文循环模式，还潜在威胁着当地生态环境,导致耕地面积锐减[51]。

沉陷水域生态系统结构与功能健康是保证矿区水资源可持续利用的前提条件。沉陷水域多由农业土地沉陷覆水而形成,兼具水源保护地、渔业活动区、湿地生态恢复区等不同的水体功能,营养状况差异较大。水生态环境相关研究主要集中于水量评估和水质的评价,水体浮游生物群落结构和生态环境因子关系,但局限于较小的矿区范围[52-54]。受矿区水文地质条件和生态环境条件等因素制约,各分矿区沉陷水域水文情势、污染负荷模式存在较大的不同,加上水域利用方式等方面的影响,不同类型沉陷水域水质状态和生态系统响应程度差别显著[55]。浮游植物的群落结构组成和演替规律对区域生态环境特征具有重要的指示作用[56-57],功能群能够较为真实地反应其生境特征[58-61];浮游植物群落结构和功能群对生态系统营养结构和功能起着基础性的调控作用[62-63]。

水生态环境评价方法主要包括预测模型法、生物完整性指数(IBI)、WFD 评价体系三类。具有代表性的预测模型法是英国 RIVPACS 和澳大利亚 Aus Riv AS[45, 46,64-65]。RIVPACS 强调了生物及栖息地的属性及二者的关系,缺点在于采用单一物种进行河流健康评价;Aus Riv AS 针对每个流域的大型底栖动物群和环境条件,预测流域内理论上应该存在的生物量,但它需要根据环境条件确定临界值。IBI 评价由物理、化学和生物要素构成,对群落的选择更自由,对生物完整性的表征也更全面[47],但 IBI 缺乏对参照条件自然变化的评估分析[66]。WFD 评价体系注重生态监测结果[48],局限性在于对水环境的监测频率、时间、季节有严格的要求[67]。

我国已经开展了重要河湖的水生态环境质量监测,积累了大量的监测数据,主要利用底栖动物、藻类、浮游动植物、鱼类等水生生物的监测结果进行水生态的评价。水生态评价方法可分为多参数法、生物指数法、多变量法、综合评价法[68]。多参数法包含了生态系统中的各种结构及功能属性的变量或参数,是河流评价中应用最广泛的方法,但其参照点的选择和栖息地状况会影响评价结果,评估结果也受监测样本的影响[69];生物指数是将特定类群的丰度、敏感性和耐受性结合为单一指数或记分值,包括以底栖动物、浮游动物、浮游植物为类群的生物指数和记分系统,但该方法是针对特定类群的指数方法,评价的全面性受到限制,同时物种间对环境特征的敏感性和耐受性各有不同,会导致评价结果出现差异[70];多变量法是以生境属性、人为干扰、物理化学指标等为变量,以理论上无污染的点位为参照,运用统计分析来预测特定点位的生物群。但该方法中无污染点位的选择十分重要且具有主观性,容易导致评价结果出现偏差[71-72];综合评价法综合了河流物理、化学和生物完整性的概念,构建的评价指标包含物理、化学、生物要素,可完整地表征河流的综合健康状况,但选取的指标对于外界干扰响应的敏感性及其稳定性尚需验证[73-74]。

1.2.3 采煤沉陷区水资源研究

目前,国外对采煤沉陷区的水资源综合利用研究主要集中于对沉陷区域的综合治理。英国环境保护部门(British Environment Agency)和美国环保部门(US Environmental Protection Agency)对沉陷区洼地进行回填、整平、恢复土壤结构等工作后,把沉陷区开发为林地、草地、农地、生物栖息地等有益自然环境的场所[75-76]。沉陷区土地复垦是一个土壤重构的过程,会导致土壤层次、结构[77-78]、养分[79-80]、有机物含量[81-82]、污染情况[83-84]等发生变化。

国内针对采煤沉陷区的综合治理方法、技术、理念等进行了大量研究，如对采煤沉陷区地表移动范围及程度进行界定的采煤沉陷盆地稳定性技术[85]，利用采煤沉陷区修建鱼池、复垦为方田、修建排灌系统、构造不同类型的湿地，达到改善沉陷区环境的目的[86-89]。通过对采煤沉陷区的可引水量、可供水量和蓄水量进行系统研究，为采煤沉陷区的水资源利用规划提供可行性途径[90-92]。

1.3 国家相关政策法规及要求

资源开发利用既要支撑当代人过上幸福生活，也要为子孙后代留下生存根基。推动形成绿色发展方式和生活方式是发展观的一场深刻革命。如何在对煤炭安全高效开采的同时实现地表少沉陷、微沉陷乃至不沉陷，将对地表建（构）筑物的损害降低至安全、不影响当地居民正常生产生活，是在人口密集、河湖密布、煤粮复合区进行煤炭开发利用中亟待解决的首要问题，也是高潜水位矿区煤炭绿色开采面临的关键技术难题。

党的二十大报告中对"推动绿色发展，促进人与自然和谐共生"作出重大安排部署，强调必须牢固树立和践行"绿水青山就是金山银山"的理念，站在人与自然和谐共生的高度谋划发展。建设生态文明是关系人民福祉、关乎民族未来的千年大计，是实现中华民族伟大复兴的重要战略任务。2020 年 12 月 21 日，国务院新闻办公室发布的《新时代的中国能源发展》白皮书中指出：在相当长一段时间内，煤炭作为主体能源在较长时期内没有改变，积极推广充填开采、保水开采等煤炭清洁开采技术。煤炭绿色开采是我国能源发展的必由之路。

安全与绿色是煤炭开采的生命线，精准预测与控制地表沉陷是煤矿生产的关键任务之一，地表沉陷是地表生态环境问题的直接诱因，从井下、地表联合控制开采沉陷到进行地表生态环境保护则是煤炭绿色开采的重要技术手段。国家相继出台的《中华人民共和国矿产资源法》《中华人民共和国土地管理法》《地质灾害防治条例》《土地复垦条例》《安徽省矿山地质环境保护条例》《矿山地质环境保护规定》《自然资源部关于探索利用市场化方式推进矿山生态保护与修复的意见》（自然资规〔2019〕6 号）中均对煤炭生态环境保护提出了要求与措施。2014 年 12 月国家发展改革委会同科技部、工业和信息化部等十部委联合发布了《煤矸石综合利用管理办法》指出，国家鼓励煤矸石井下充填；国务院发布的《国家创新驱动发展战略纲要》（2016 年）中提出"发展安全清洁高效的现代能源技术""发展资源高效利用和生态环保技术"；2019 年国家发展改革委颁布的《产业结构调整目录（2019 年版）》中，将煤矸石、煤泥、洗中煤等低热值燃料综合利用、地面沉陷区治理、矿井水资源保护与利用、矿井采空区、建筑物下、铁路等基础设施下、水体下采用煤矸石等物质填充采煤技术开发与应用等列为优先鼓励类发展项目；2020 年《安徽省在建与生产矿山生态修复管理暂行办法》（皖自然资规〔2020〕4 号）：鼓励井下开采矿山采用回填技术，防止地面塌陷。2020 年，自然资源部启动"十四五"矿产资源规划，强调加快矿业绿色发展，经国务院同意，印发的《关于全面开展矿产资源规划（2021—2025 年）编制工作的通知》中强调新的一轮矿产资源规划编制须将加快矿业绿色发展作为编制重点之一，明确绿色矿山建设的目标、任务和实现路径，研究完善激励政策，促进矿地融合发展，推动矿业产业转型升级，构建绿色矿业发展长效机制。

2018年10月1日，自然资源部正式发布的《非金属行业绿色矿山建设规范》等9项推荐性行业标准正式实施，从矿区环境、资源开发方式、资源综合利用、节能减排、科技创新与数字化矿山、企业管理与企业形象等六个方面对绿色矿山建设作出规范要求，为我国绿色矿山建设提供了坚强有力的政策支撑和制度保障，使我国绿色矿山建设进入了制度化、规范化、标准化建设的新阶段。

安徽是矿业大省。多年来，矿产资源的开发利用为推动安徽省经济社会持续发展、助力脱贫攻坚作出了积极贡献，但传统的粗放型开采方式也造成了资源浪费和生态环境破坏。2016年，安徽省发布了《绿色矿山建设方案（2017—2025）》，以绿色矿山建设为抓手，统筹把握综合利用、技术创新、节能减排、环境保护、矿山复垦等条件，积极组织省内矿山企业申报创建，推动企业加大节能减排、绿色环保方面的投入，广泛使用节能环保新技术、新工艺，积极开展矿地共建取得阶段性成效。《安徽省矿产资源总体规划（2016—2020年》中提出将矿业转型升级与绿色矿业发展结合，截至2025年，将绿色矿山达标率提高至40%；为了进一步提高安徽省矿山绿色发展水平，发展矿山水土资源利用和生态修复创新服务，积极推广高效绿色矿山环保技术。

1.4　研究内容

以淮南潘谢矿区典型采煤沉陷区作为研究对象，采用遥感与现场调查结合，开展沉陷区水资源环境调查。主要研究内容如下：

1. 结合井工开采特点，从采煤沉陷因素、污染源、沉陷积水区调查等提出采煤塌陷区水资源环境调查、采煤塌陷区水资源评价方法。

2. 应用SWAT模型估算沉陷区地表水资源量，建立沉陷区地表水-浅层地下水水量动态监测系统，构建开放和封闭式沉陷区地表水与地下水转化关系数学模型，探讨地表水与地下水转化关系过程，研究沉陷区地表水与浅层地下水之间的水量转化规律。

3. 系统评价开放、封闭两种类型沉陷水域地表水、浅层地下水水质特征，识别特征指标；结合蒸发与降水、农业面源污染、地下水补径排等因素，探讨地表水和浅层地下水间的水质交换规律；针对典型沉陷区综合治理的煤矸石填充区域，探讨煤矸石类型和堆放时间等因素对地表水和浅层地下水水质的影响。

4. 调查不同时期采煤沉陷区水体微生物群落结构与多样性、浮游动植物多样性、底栖生物和鱼类等，构建采煤沉陷区水生态评价指标体系，系统评价沉陷区水生态环境质量。

5. 提出沉陷区水系恢复治理措施，并建立基于资源转化的沉陷区水资源利用模式。

1.5　技术路线

建立适用于采煤沉陷区的水资源环境调查方法，系统调查采煤沉陷区水资源环境特征，研究采煤沉陷区地表水和浅层地下水水量转化关系、煤矸石堆放区地表水与浅层地下水变化特征，构建采煤沉陷水域水生态环境评价方法，综合评价采煤沉陷水域水生态环境质量，提出采煤沉陷区水资源保护与综合利用措施。具体技术路线如图 1-1 所示。

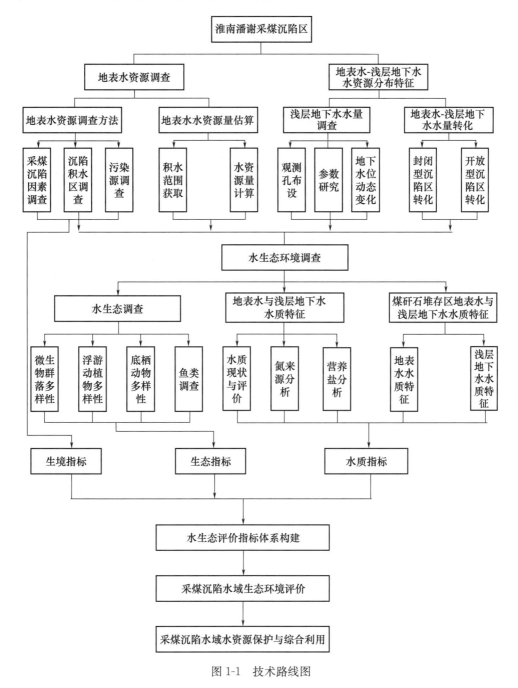

图 1-1 技术路线图

2 区域背景

2.1 新生界松散层

淮南潘谢矿区位于淮南煤田的中部，东部以潘一东矿井为界；西与刘庄井田的陈桥断层（F5断层）为界；南以谢桥向斜—古沟向斜为界，北以明龙山—刘府断裂为界。从西到东，开采矿井有：谢桥矿、张集矿、顾桥矿、顾北矿、丁集矿、潘三矿、潘北矿、朱集矿、潘一矿、潘二矿等。

从构造条件来看，淮南煤田形成后受到了近南北方向的挤压作用，发育了淮南复向斜，其向斜构造内部发育了谢桥—古沟向斜、陈桥—潘集背斜、尚塘集—朱村集向斜。近东西向断层为阜阳—凤台断层、明龙山—刘府断裂等；后期发育了一组近南北向的断裂构造作用，在潘谢井田内发育了阜阳断裂、西番楼断裂、陈桥—颍上断裂、新城口—长丰断裂等（图2-1）。

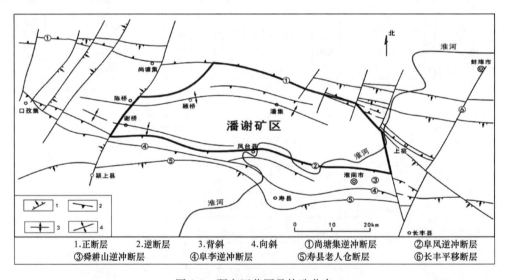

图2-1 研究区范围及构造分布

淮南潘谢矿区为新生界松散层覆盖的全隐蔽煤田，主要地层为寒武系、下奥陶统、上石炭统、二叠系和三叠系、第四系。缺失中上奥陶统、志留系、泥盆系和下石炭统和三叠系、侏罗系和白垩系。石炭—二叠纪地层为本区主要含煤地层，并与下伏地层呈假整合接触，与上覆新生界地层呈不整合接触。

潘谢矿区地层自上而下为新生界的第四系和第三系；基岩面地层为二叠系的石千峰组、上石盒子组、下石盒子组和山西组；石炭系的太原组；奥陶系的贾汪组、肖县组、马家沟组；寒武系的凤台组、猴家山组、馒头组、毛庄组、徐庄组、张夏组等（表2-1）。

表 2-1 矿区地层简表

界	系		统	组	主要岩性
新生界	第四系		全新统		以粉砂、黏土为主
			更新统		
	第三系	上	上新统		灰绿色固结黏土夹砂土
			中新统		
		下	渐新统		浅灰色砂泥岩互层
			始新统		
中生界	白垩系		上统		紫红色砂岩
			下统		红色砂泥岩互层
	侏罗系		上统		凝灰色,安山岩
	三叠系		下统		紫红色砂岩
古生界 (P_z)	二叠系 (P)		上统 (P_2)	上石盒子组 (P_{2ss})	深灰色泥岩,灰绿色、浅灰色砂岩,底含石英砂岩,含 10～16-1 煤
			下统 (P_1)	下石盒子组 (P_{1xs})	灰色砂泥岩及其互层,并发育一层花斑状铝质泥岩,主含 9～11 煤
				山西组 (P_{1s})	上部细至粗砂岩,下部深灰色泥岩,含 1 煤
	石炭系		上统 (C_2)	太原组	灰岩为主,夹泥岩和砂岩,含薄煤层
	奥陶系 (O)		中、下统 (O_{1+2})		灰色细晶质、厚层状白云质灰岩为主,局部夹角砾状灰岩或泥质条带
	寒武系 (ϵ)		上、中、下统 (ϵ_{1+2+3})		白云岩、鲕状灰岩为主,夹有紫红色泥岩、砂岩,产三叶虫化石
震旦亚界	青白口系		徐淮群		灰质泥质白云岩具竹叶状构造及燧石结核条带
			八公山群		泥灰岩、页岩及钙质粉砂岩互层及白云质灰岩,石英砂岩
太古界	五河群(霍邱群)				片麻岩及片岩

2.2 水文地质条件

2.2.1 新生界含水层

淮南潘谢矿区新生界含水层地下水属松散岩类孔隙水,赋存于第三系及第四系松散沉积物中,含水层为一套冲积、冲积—洪湖、湖积的砂、砂砾石以及砂或亚砂土层,总厚度为 5～300m 不等,如图 2-2 所示。

按照含水层埋藏条件,由下至上可分为三个含水组:

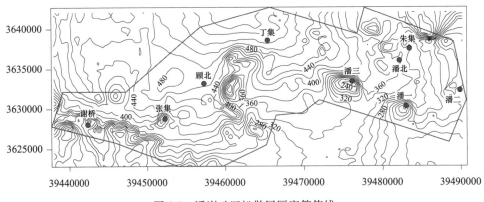

图 2-2　潘谢矿区松散层厚度等值线

1. 深层含水组

该含水组由第三系地层组成，淮河以北分布广泛，含水层的岩性主要为中、粗砂及泥质半胶结的砂砾层，埋深在 140m 以下，累计厚度大于 150m，其富水性在空间上存在一定差异性，如在泥河附近，含水层埋深在 135m 以上，平均厚度 180m 左右，水位埋深在 20m 以上。而在潘集矿区，水位高出地面 2m 以上，出现自流区，单井出水量约 100～1000m³/d。其他地区富水性较差，单井出水量一般小于 100m³/d。

2. 中深层含水组

该含水组是指埋深在 30～130m 范围内的含水层，它主要由中下更新统（Q1＋Q2）地层组成，广泛分布于沿淮及淮河以北的平原区，一般砂层的厚度大，层位比较稳定，但其富水性因地区而异。如潘集矿区富水性较强的地区，含水砂层的平均厚度在 30m 以上，水位埋深 2.0～4.5m，导水系数大于 500m²/d，单井出水量大于 1000m³/d；潘集以东和以南至二道河地区，富水性逐渐减弱，含水层累计厚度约 20m，水位埋深 3.0～4.5m，导水系数 300～500m²/d，单井出水量 100～1000m³/d。古沟至高皇一带，含水砂层累计厚度 15～30m，富水性较差，水位埋深 2.5～3.5m，导水系数一般小于 300m²/d，单井出水量小于 100m³/d。

3. 浅层含水组

考虑到淮南市区目前开发地下水的具体情况和本地区地层分布的特点，这里所谈的浅层含水层（组），是指埋深在 30～40m 以内的含水层（组），为第四系沉积物。该含水层（组）的分布与现代河流方向大体一致。但在淮河以南的山前斜地，砂层缺失，水位埋深一般为 1～3m，地下水类型属潜水～承压水。

2.2.2　地下水补、径、排

研究区地处淮河冲积平原，地形平坦，地面标高一般为＋19～＋23m。总体趋势为西北高、东南低。

淮河为邻近本区的主要河流。淮河淮南段全长 87km，河道宽一般 250～400m。流经淮南时，最低水位标高＋12.36m，一般水位标高＋17～＋18m，历史最高洪水位标高＋25.63m。淮河大堤堤顶标高＋27.07m。淮河年平均径流量为 755.5m³/s，最小径流量 0.5m³/s，最大径流量 12700m³/s。

泥河位于研究区南缘,为淮河北岸支流。全长约 67km,流域面积 626km²。泥河由西北向东南经青年闸流入淮河。泥河河道上游较窄,下游河面宽达 500～600m,并受淮河水位控制,漫溢时宽度扩张至 800～1200m。沿岸地势低洼,雨季易形成内涝,每遇洪水即形成"关门淹"。内涝水位为 +22.2m。其主要功能为农田灌溉和排涝泄洪。

泥河流经潘一段水位标高一般为 +17.5m,洪水水位 +20.5～+21.0m,最高洪水水位 +21.85m。泥河大堤经维修加固后,现堤顶标高 +23.5m,由于新生界沉积物厚度大,泥河水对矿井充水不发生直接影响,仅与新生界上部含水层组有一定的水力联系。

该区地下水的补、径、排条件受矿区边界断层,即阜—凤逆掩断层、明龙山—刘府断层、新城口—长丰断层及陈桥断层等控制。全区边界补给条件差,均为隔水边界。因受到南北方向的挤压,形成的复式向斜,其轴部裂隙发育,后期又发育了北西和东西向断裂构造,为区内地下水的流动提供了良好的径流通道。

该区为平原区地貌,大气降水经地表径流入渗补给包气带和潜水含水层,并经越流和"天窗"与"二含"发生水力联系。但由于受到新生界多个隔水层的阻隔,大气降水和地表水难以与新生界底部松散层发生水力联系。

淮南市范围内没有设径流站,属于无资料区,其径流量计算采用等值线图插补法。查《安徽省水资源评价》中"多年平均年径流系数图"可知,灌区年均径流系数为 0.27。

2.3 自然地理环境

2.3.1 地形地貌

从构造单元上看,研究区位于华北地台南缘,整个矿区为一复向斜构造,复式向斜内次一级褶皱及断裂发育。东界为郯庐断裂,西临周口凹陷,北接蚌埠隆起,南邻合肥凹陷。矿区以淮河为界形成两种不同的地貌类型,淮河以南为丘陵,属于江淮丘陵的一部分;淮河以北为地势平坦的淮北平原,淮河南岸由东至西隆起不连续的低山丘陵,环山为一斜坡地带,宽约 500～1500m,坡度 10°左右,海拔 40～75m;斜坡地带以下交错衔接洪冲积二级阶地,宽 500～2500m,海拔 30～40m,坡度 2°左右;舜耕山以北二级阶地以下是淮河冲积一级阶地,宽 2500～3000m,海拔 25m 以下,坡度平缓;一级阶地以下是淮河高位漫滩,宽 2000～3000m,海拔 17～20m,漫滩以下是淮河滨河浅滩。舜耕山以南斜坡以下,东为高塘湖一、二级洪冲积阶地,西为瓦埠湖一、二级洪冲积阶地;中为丘陵岗地。淮河以北平原地区为河间浅洼平原,地势呈西北东南向倾斜,海拔 20～24m,对高差 4～5m。

2.3.2 气候特征

淮南市地处亚热带和暖温带的过渡地带,属暖温带湿润性季风气候。其特征是:热量丰富,日照充足,气候温和,雨量适中,四季分明,季风显著,夏季多雨,冬季干旱,无霜期长(平均 230 天)。年际降水量变化大,季节分布不均匀,易形成旱涝灾害,春秋两季时热时冷,气温不稳定。

年平均气温 15.3℃。7 月气温最高，平均 28～28.4℃，1 月气温最低，平均 1.2℃。气温春季上升快，秋季下降快。极端最高温度为 41.4℃（1959 年 8 月 28 日），极端最低温度为零下 22.2℃（1955 年 1 月 16 日）。

据气象部门多年统计资料，年平均降水量为 939.3mm，但年度间相差很大，季节分配也不均匀。夏季雨水最多，占年降水量的 50%，春秋两季次之，冬季最少。每年 5—9 月为雨季，其中，6—7 月为梅雨期，6—8 月为汛期（通常出现暴雨），日最大降雨量为 145mm。平均年降水天数为 107 天，7 月份最多，其中，冬季 19.3 天，秋季 23.2 天，夏季 31.6 天，春季 32.9 天。年降雨量最大的是 1956 年，达到 142.83mm，降水量最小的是 1966 年，只有 471.9mm；日降水量最大达 136.9mm；1 小时最大降水量达 77.5mm（1960 年 5 月 7 日）。年蒸发量为 1612.8mm，年蒸发量最大为 2157.1mm（1988 年），年蒸发量最小为 1570.0mm，蒸发量大于降雨量。

全年主导风向为东南风。每年春、夏季多东南风及东风，秋季多东南风及东北风，冬季多东北风及西北风。年平均风速 3.18m/s，最大风速 20m/s。年初霜在 11 月上旬，终霜期为次年 4 月中旬，无霜期 191～238 天。年初雪一般在 11 月上旬，终雪期为次年 3 月中旬，雪期 72～127 天，最长 138 天，最短 26 天。日最大降雪量 160mm。冻结及解冻无定期，一般夜冻日解，冻结深度 40～120mm，最大冻土深度 300mm。

3 采煤沉陷区水资源调查

煤炭资源的开发利用对矿区地表环境造成了一定的影响。在潜水位地下较高的黄淮海平原矿区，大范围的煤炭开采造成了大面积地表沉陷，形成常年积水或季节性积水区，2020年淮南采煤沉陷区积水量可达7.2亿 m³，煤炭资源开采完毕后，塌陷区蓄水容积将达到143.6亿 m³。地表沉陷改变了水资源的赋存条件和循环规律，但从某种角度也促进了区域土地资源向水资源的转化。采煤沉陷区水资源也是区域不可忽略的水资源类型，将其纳入规范化管理，进行合理开发与利用具有十分重要的现实意义。如何准确掌握沉陷积水的水资源状况，建立采煤沉陷积水区水质、水量、周边污染源等调查与评价方法，是采煤塌陷区水资源管理的迫切需求。

3.1 采煤沉陷积水区形成与特征

3.1.1 采煤塌陷积水区的形成

地下煤层采出后，上部的覆岩、覆土失去支撑，力学平衡被打破，在重力和应力作用下重新调整，随之发生冒落、弯曲、变形、断裂、位移等岩层移动现象，最终涉及地表，导致地面塌陷下沉，在一定范围内的高程发生了变化，在地表形成一个比采空区面积大得多的近似椭圆形的下沉盆地——采煤塌陷区，当塌陷的深度大于潜水位时则在塌陷地表形成积水区。该积水区随着采煤的深度、厚度变化在面积、深度上逐渐变大，直至塌陷稳定。

根据我国煤矿开采区的地质与水文条件，采煤塌陷积水区大多集中分布在东北平原、华北平原和长江中下游平原。

3.1.2 采煤沉陷积水区特征

采煤塌陷积水区与天然湖泊、湿地以及人工水库相比具有显著的差别。

（1）从形成时间角度来看，采煤塌陷积水区形成过程时间短、演变速度快。根据塌陷区的活动特点可以分为活跃期和稳定期，且同一塌陷区内不同区间形成时间差别较大，活动状态各异。

（2）从分布空间角度来看，采煤塌陷积水区面积和深度总体上与矿区规模密切相关，单个塌陷区积水区往往与井田内的开采面积有关。无论是单个塌陷区面积还是矿区塌陷区总面积的变化均是随着煤炭开采年限增加逐渐变大、变深的趋势。变化速度与开采地质条件、采煤方法、地下水潜水位有关。同一塌陷区内局部覆水深度差异较大，塌陷区水下地面高低起伏且变化突然。其主要原因是矿区或井田内可采煤层的厚度变化及开采煤层数量，以及因断裂构造、岩浆侵入或岩溶陷落柱分布，以及因采矿工程需要而

13

设计出局部暂不开采或永久不开采的煤柱区等。这些人为的采与不采因素和煤层数量及可采与不可采的地质因素均造成塌陷区内地面塌陷程度的差异。

（3）从底质分布及性状来看，采煤塌陷积水区的底质不同于天然湖泊的底泥，一是底泥的厚度小，与塌陷积水的时间有关。一般来说，采煤塌陷区的积水时间在几年到几十年之间，底泥的厚度在几毫米到几厘米；其次是底泥的理化性质与塌陷之前土地的土壤性质关系密切，在塌陷盆地边缘，塌陷的拉张力导致边缘土体崩塌滑落至积水区底部，与底泥混合。伴随积水时间，塌陷盆地外围陆地的岩土碎屑与生物质会陆续被搬运至盆地内，同时，水体在生物和物理化学作用下也会产生内源沉积物。因此，沉陷积水区的水体化学成分和底质特征将很大程度上受控于周围土壤的特征和农业环境，同时也是沉陷水体的一个重要的潜在污染源，塌陷积水区的沉积物和原生的覆水后的土壤统称为底质。

（4）从水体的污染源类型和影响因素来看，除了受积水区外部的点源和面源污染物影响外，塌陷区早期的土壤类型、生物质的分布以及水体利用方式等都会影响塌陷区的水质类型。此外，在生产矿井，由于塌陷区受地下生产作业影响，如巷道与采场的机械凿岩与放炮、震动、煤层开采后的覆岩冒落，井下机车运行及机械作业的振动作用均会对塌陷区地表产生一定的震动影响。这种处于震动环境的水体不仅影响水体浊度，同时对水体的生物活动也有一定干扰，从而间接影响水体质量。

鉴于采煤塌陷区积水区既具有一般湖泊或湿地的特征，同时也具有不稳定、影响因素诸多的动态演变特征，因此在对其水资源环境调查与评价方法中综合考虑了常规水资源环境调查与评价方法与采煤塌陷区水资源动态演变的特征。

近年来，安徽理工大学、中国矿业大学、中国煤炭科学研究总院、淮北矿业集团、淮南矿业集团等企事业单位围绕采煤塌陷区的水资源、土地复垦等领域开展了大量的科学研究工作，实施了一些示范工程。在科研和实践过程中，因缺乏专门针对采煤塌陷区水资源的调查与评价的方法标准或规范，各研究单位或工作人员往往根据各自的需求开展工作，或借鉴其他河流、湖泊等地表水体或地下水等的调查与评价方法开展工作。由于缺少统一标准或规范，往往导致了一些问题的发生，如：（1）由于前期调查与评价方法的不统一，导致了不同科研成果间的联合应用以及同一成果在不同地区推广应用过程中出现不能"匹配"的情况；（2）由于采煤塌陷区水资源具有独特性，深度、面积随采煤工程不断改变，底质与沉陷前地表性质密切等原因等，借鉴的其他标准并不能完全适用于采煤塌陷区，甚至导致调查与评价结论失真。由本书作者团队组织淮北矿业（集团）有限责任公司、安徽理工大学、中国煤炭工业协会生产力促进中心三家单位编制的国家标准《采煤塌陷区水资源调查与评价方法》（GB/T 37574—2019），围绕井工开采导致的采煤塌陷区水资源制定了环境调查与评价方法。

3.2　采煤沉陷区水资源环境调查方法

采煤沉陷水域区别于天然水体，其积水的面积、深度、水质的变化与采矿作业，地质条件，水文条件紧密相关。因此，采煤塌陷区水资源环境调查应包括塌陷影响因素调查、污染源调查、塌陷积水区调查，采用文献资料搜集、现场勘查、专家咨询、遥感影像处理、实验室分析测试、软件分析等调查方法，调查时间和频率可以按照水质调查每个季度采样一次，水量调查丰水期、枯水期各调查一次。对搜集到的和实测的资料进行检查，找出相互矛盾和错误之处，并予以更正。

3.2.1 沉陷影响因素调查

1. 开采现状调查

包括生产能力、矿井开采历史、开采煤量及范围、开采技术现状、采空区管理及矿震等可能影响塌陷区的情况。

2. 地形调查

调查采煤塌陷区的地形、地表水系、土地利用、地表变形等情况。

3. 地质条件调查

包括调查区内地层与含煤地层、地质构造、煤层埋藏深度、松散层厚度及含隔水层分布情况等。

4. 地下水调查

包括但不限于以下内容：矿井涌水量；矿井主要含水层地下水位长期观测资料；矿井主要含水层地下水质资料；调查区域水源地（水资源保护区，如矿泉水、温泉等）和水源井及取水量；地下水的补给、径流和排泄；煤层开采对含水层的影响情况；矿井水水质变化情况。

5. 土地利用调查

包括塌陷前土地情况、塌陷区汇水范围内的土壤类型、土地利用状况、土地利用规划等。

6. 气象条件调查

包括塌陷积水区形成以来的年均或月均区域降水量、蒸发量、温度、太阳辐射、湿度、风速、风向等气象数据资料。

7. 地表水系水文调查

调查塌陷区周边重要的地表水系，包括河流宽度、深度、河床结构、水位、流量、流向、湖库面积、湖盆形态、库容、间温层分布、补给排泄条件以及周边水系的连通性等。

3.2.2 采煤沉陷区污染源调查

1. 调查范围

对采煤沉陷区污染源的调查主要从以下几个方面进行：

（1）调查采煤沉陷区周围人口分布、工业布局、污染源及其排污情况；

（2）调查采煤沉陷区水资源现状和水资源的用途，水体流域土地功能及近期使用计划等。渔业养殖情况（人工投饵情况），地表径流污水，农田灌溉用水、农药和化肥等使用情况等；

（3）工业污染源调查包括工厂企业及矿山的分布，排污口的地理位置、工业产品的种类和产量，原材料种类和消耗量，生产工艺及设备，排污及治理情况，排污量及排污方式等；生活污染源调查包括采煤沉陷区周围人口数量及分布、用水量及污水处理及排污口分布情况等。农业污染源调查主要是农药、化肥的施用量等。

在收集基础资料的基础上，还需进行现场的实地踏勘，充分了解监测范围内道路、交通、电源等实际情况，为水体监测断面和采样点布设提供科学、实用的依据。以收集现有资料为主，必要时补充现场调查和现场测试。

2. 现场调查及采样器具准备

按照现行《地表水和污水监测技术规范》（HJ/T 91）执行。

3. 工业污染源调查

工业污染点污染源调查，根据需要选择下述全部或部分内容进行调查：

（1）排放单位基本情况，如企业登记信息、企业原材料使用情况、主要产品的种类和产量等；

（2）可能对采煤塌陷区水环境造成污染的排放口基本情况，包括排污口位置、排放方式、排放数据等；

（3）废水、废气排放调查按现行《固定污染监测质量保证与质量控制技术规范》（HJ/T 373）执行。

工业污染面污染源调查。工业面污染源包括：散煤堆、煤矸石堆、粉煤灰场、填挖工程施工等。调查内容包括：（1）调查堆放位置、占地面积、堆放形式（几何形状、堆放厚度）、堆放量、堆放点的防渗措施、堆放物的覆盖方式等；（2）排放方式、排放去向与处理情况；（3）根据现有实测数据、统计报表以及根据堆放物的成分及物理、化学、生物化学性质选定调查的水质参数，并调查排放季节、排放周期、排放浓度及其变化等方面的数据。

（4）农业污染源调查，包括：1）农作物种植面积、种类、耕作方式、灌溉模式；2）产、排污情况，包括肥料、农药种类、施用量，农膜使用和秸秆处理情况，饲料饵料投放情况，畜禽养殖粪便及其他主要污染物产生、残留和排放情况等；3）养殖业（畜禽养殖、水产养殖）污染治理情况，各种污染治理设施的治理效率、污染物去除情况、投入和运行情况等。

（5）生活污染源调查，包括居住人口数、污水产生量、排放方式、生活垃圾产生量、清运方式等。

（6）集中式污染治理设施调查：单位基本信息，污染治理设施情况和运行状况，污染物的处理处置量等情况，渗滤液、污泥、焚烧残渣的产生、处置及利用情况等。

3.2.3 采煤沉陷积水区调查

1. 储水量监测调查方法

储水量监测的目的是获得采煤塌陷积水区不同时段的储水量。通过调研，目前国内华北、华东地区煤矿的工作面的规模比内蒙古、新疆及西北地区煤矿要小，其工作面的倾斜长度一般不大于150m，同时考虑工作面投影到地面的长度，因此，水位测量的点位布设按照不大于100m×100m的网格点布设。储水量监测参照《水资源水量监测技术导则》（SL365—2015）中6.3节相关内容，结合采煤塌陷区的动态变化特点，需要调查积水区面积、水位。积水区面积调查包括现场调查、资料搜集。塌陷积水区面积随着开采不断变化，现场调查只能得到某个时刻的积水范围，需要辅以不同时期采煤塌陷区的遥感正射影像图，或与有效地形图结合、矿区沉陷预计图、矿区沉陷系数等资料，得到塌陷积水区的积水范围，以供准确计算塌陷积水区水量。

现场勘测：开展采煤塌陷积水区面积勘测工作，推荐以1年为时间间隔；测量网点布置采用网格布点法，单个网格不大于100m×100m；水深测量采用水深测量仪器进行测量。

储水量计算：按《水资源水量监测技术导则》（SL 365—2015）中6.3、6.7条执行，建立水深容积关系曲线，计算储水量。

2. 水质调查

现场调查采样断面、采样垂线设置：（1）封闭式采煤塌陷积水区的采样断面和采样垂线设置参照现行《水质 湖泊和水库采样技术指导》GB/T 14581、HJ/T 91执行；（2）开放式采煤塌陷积水区的采样断面和采样垂线设置参照a）项，在进入塌陷区、流出塌陷区的河流汇合口处分别增设采样断面，按照塌陷区的水体种类适当增减采样断面。

现场调查采样点位置确定：采煤塌陷积水区的水质监测原则上只设置采样垂线。由于生产矿井采煤工作面生产过程中顶板冒落产生的剧烈震动，对上方采煤塌陷积水区水环境产生潜在的影响，因此在工作面投影到地面的积水区域内设置水质采样点，以便分析矿震对水质的潜在影响。采煤塌陷区的其他区域则考虑汇入塌陷积水区的河流数量、径流量、季节变化情况、沿岸污染源对湖、库水体的影响以及水面性质（单一或复杂）和水体的动态变化等水文条件特征的情况下，结合塌陷积水区的生态环境特点（有无水生植物、源水、挺水和沉水植物的分层状以及鱼类的繁衍场所等），在按湖、水库中污染物的扩散与水体自净状况，按照封闭型、开放型采煤塌陷积水区来设置垂线，其中开放型采煤塌陷积水区在入、出塌陷区的河流汇合口处，分别增设采样断面。

活跃期的采煤塌陷积水区应在工作面投影到地面的区域内布设采样点，必要时增加水下地形测绘，其余位置按HJ/T 91—2002中表4-3湖（库）监测垂线采样点的设置布设；稳沉期的采煤塌陷积水区水质采样点的位置按HJ/T 91—2002中表4-3湖（库）监测垂线采样点的设置布设。

现场调查样品采集、保存：按照HJ 493、HJ 495、HJ 494、GB/T 14581进行；

现场调查检测指标：水温、pH、浊度、透明度、溶解氧、矿化度、总硬度、氟化物、高锰酸盐指数、化学需氧量、五日生化需氧量、氨氮、凯氏氮、总氮（湖、库）、总磷、溶解性磷酸盐（PO_4^{3-}）、叶绿素a等。

现场调查分析方法：参照GB 3838、GB 11891、HJ 670、HJ/T 91、SL 79执行。

3. 底质调查

采样点位置、调查频率和采样方法：参照HJ/T 91执行。

检测项目包括：总碳、总氮、有机质、总磷、铜、锌、砷、汞、镉、铅、铬（六价）、有机氯农药、有机磷农药、PCBs、烷基汞、苯系物、多环芳烃、邻苯二甲酸酯类、粒度、渗透系数等。

分析方法：粒度的分析方法参照GB/T 19627执行，渗透系数采用微水试验进行测定（见附录A）或参照GB/T 50123执行，其余检测项目的分析方法参照HJ/T 91执行。

4. 周边土壤调查

调查范围：土壤调查的范围为采煤塌陷区汇水范围。

布点方法：参照现行《土壤环境监测技术规范》（HJ/T166）执行。

检测项目：根据调查目的，选用如下检测项目：pH、粒度、有机质、总氮、总磷、铜、锌、铅、铬、砷、汞等。

样品采集与分析方法：参照 HJ/T 166 执行。

3.3 污染源现状调查

依据《采煤塌陷区水资源环境的调查和评价方法》（GB/T 37574—2019）、《水环境监测规范》（SL 219—1998）和《地表水资源质量评价技术规程》（SL 395—2007），对顾桥矿和潘集矿现场调查和资料收集，污染源状况如下：

1. 采煤沉陷区周围人口分布较分散，周围无大型高污染企业，基本上无集中工业污染源排放；

2. 生活污染源包括塌陷区周围居民的少量生活污水以及矿区工业广场排放的处理后达标的部分生活污水，个别塌陷塘有少量矿井水直接排放；

3. 农业污染源主要是农业生产施用化肥、农药而产生的农业面源污染。

目前淮南市尚未对采煤沉陷区水域作出环境功能区划，采煤沉陷区水资源现状和水资源的用途比较复杂。

根据现场调查，目前各采煤沉陷水域大部分是作为农民做零散的渔业养殖水面，部分光伏水面，也有作为周围农田的灌溉水源（图 3-1）。

(a) 鱼塘　　　　　　　　　　　(b) 沉陷水域水面

(c) 周边旱田　　　　　　　　　(d) 周边水田

图 3-1　研究区采煤沉陷水域及周边状况

3.4 采煤沉陷区类型划分

依沉陷区与地表河流之间关系，将沉陷区划分为两种：

第一类型，封闭式沉陷区（图 3-2）：周围只有地表面状径流汇入，没有线状水流的补排，污染类型为面源污染，与地下水存在一定的水力联系。

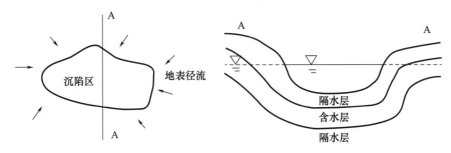

图 3-2 封闭式沉陷区平面及剖面示意图

第二类型，开放式沉陷区（图 3-3）：与地下水及周围地表水都有联系。除了周边有沟渠的径流补给外，还有河流或湖泊通过其内部，因此存在着河流流入和流出的水量。

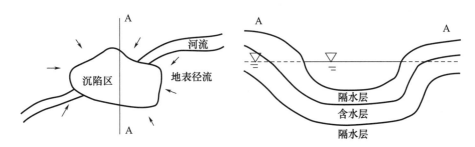

图 3-3 开放式沉陷区平面及剖面示意图

通过对潘谢矿区的谢桥矿、张集矿、顾桥和顾北矿、潘三矿、潘一矿以及潘二矿等沉陷区的现场调查，选择典型研究区（图 3-4）。

1. 封闭式沉陷区

有顾桥沉陷区、潘一矿东部后湖沉陷区。

这两个沉陷区周围均无地表水系与之相连，其中顾桥沉陷区周围居民已搬迁完毕，基本不受居民日常生活和农业生产的影响，可作为浅层地下水位观测参照区，而潘一东部后湖沉陷区面积较小，周边有居民居住，且沉陷区周围是农田，将该区域作为浅层地下水人工观测区。

2. 开放式沉陷区

有潘一、潘三矿沉陷区

潘一和潘三沉陷区地表中间有潘北矿进矿路隔断，南侧有泥河紧邻沉陷区由西向东流过，受降雨的影响，在不同水文期泥河和潘一、潘三沉陷区之间有水力联系。

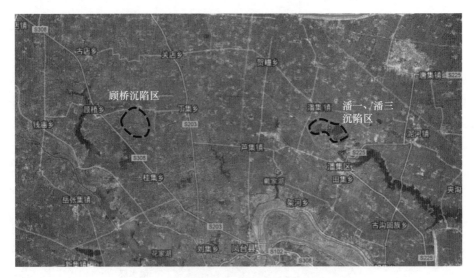

图 3-4　潘谢矿区两种典型沉陷区分布图

3.5　采煤沉陷区水资源量估算

3.5.1　采煤沉陷区积水范围的获取

收集研究所需的相关数据，包括分幅的地形图和正射影像图，利用 ArcGIS、CAD、ENVIR 等软件对数据进行筛选、提取和拼接，获取研究区高程点和塌陷、积水现状，利用高程点创建研究区数字高程模型；基于数字高程模型分析获取研究区坡面流、河槽集流和汇流区域等，为估测地表水量提供水文参数。操作流程见图 3-5。

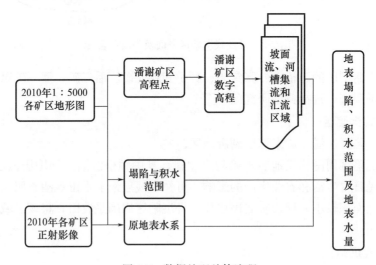

图 3-5　数据处理总体流程

1. 研究区数字高程的生成

将 218 幅分幅 2010 年 1：5000 地形图进行拼接，获取高程点和等高线，并以 2010

年 1：10000 地形图对其进行补充和校正（图 3-6）。在 ArcGIS9.3 中利用高程点（10 万多个）和等高线（7 万多条）创建研究区 1：50000 数字高程模型（TIN）（图 3-7）。

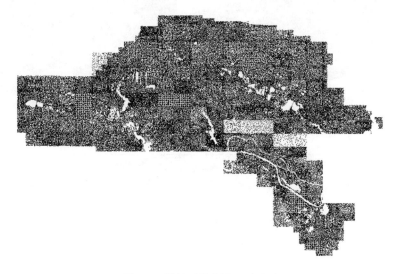

图 3-6　拼接后的研究区高程点

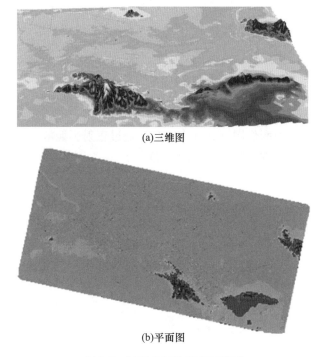

(a)三维图

(b)平面图

图 3-7　潘谢矿区数字高程模型

2. 研究区水文参数的获取

基于研究数字高程模型，在 ArcGIS9.3 中利用水文分析模块获取研究区汇流累计量（图 3-8），根据汇流累计量计算坡面流、河槽集流和流域范围等研究区水文参数（附图 1），研究区共划分为 7 个流域。

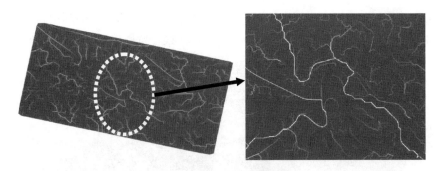

图3-8　潘谢矿区汇流累计量

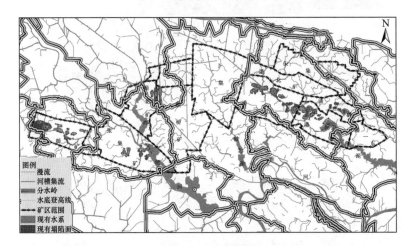

附图1　水文参数图

3. 积水范围的获取

利用研究区各矿正射影像图（共计17幅），通过正射影像解译，结合地形图，获取各矿区塌陷范围和积水范围（附图2和图3-9）。

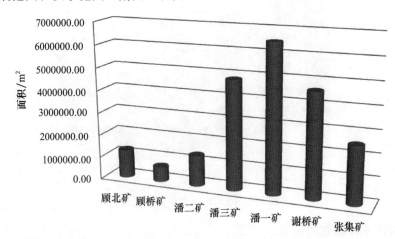

矿区名称	顾北矿	顾桥矿	潘二矿	潘三矿	潘一矿	谢桥矿	张集矿
■积水面积	1257619.78	658857.52	1361168.04	4833169.04	6500074.44	4618360.61	2545289.71

图3-9　潘谢矿区各矿积水面积对比情况

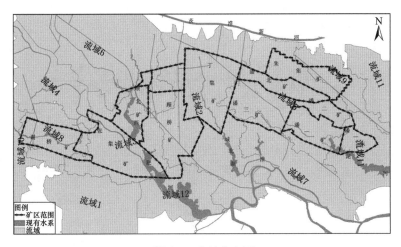

附图 2　流域分布图

最终获得研究区塌陷区现状与汇流区域分布图（附图 3）。

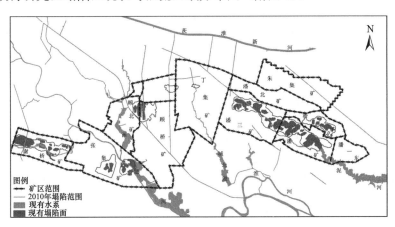

附图 3　沉陷区和积水区现状图

3.5.2　降水特性分析

按照每年 12 月至次年 2 月（冬季）、3—5 月（春季）、6—8 月（夏季）、9—11 月（秋季）计算各气象要素季序列、年序列值。并采用 1952—2011 年平均值作为气候常年值，降水序列中缺失 2006 年、2007 年降水值。

1. 线性倾向估计

气候要素的变化采用气候倾向率的方法，即：

$$y = a + bt \tag{3-3}$$

式中，y 为气候要素的拟合值；t 为时间；a 和 b 通过最小二乘法估计得到，a 为回归常数，b 为倾向值，反映 y 随时间 t 的变化趋势，并利用 y 与 t 之间的相关系数 r 来检验变化趋势是否显著。对淮南 1952—2011 年降水量资料分析发现，降水量不存在明显的趋势性（图 3-10）。

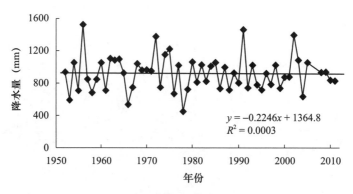

图 3-10 淮南降水量年变化趋势

2. 降水量的年际年内及季节变化

对 1952—2011 年降水量逐月资料进行分析，由表 3-1 可知，淮南地区降水量春夏季节约占全年的 72%，说明春夏两季降水量的多少对水循环起重要作用。

表 3-1 降水量的季节分配

项目	年	冬季	春季	夏季	秋季
平均值（mm）	914.5	83.2	205.3	458.6	167.4
占比例（%）		9.1	22.5	50.2	18.3

图 3-11 给出了降水量年均值及各年内的冬季、春季、夏季及秋季的降水量的变化范围及中位数、下四分之一位数及上四分之一位数。从图 3-11 可知，降水量年际变化范围较大，降水量极小值和极大值分别在 1953 年和 1956 年；冬季降水量的离散程度较小，而夏季离散程度较大。

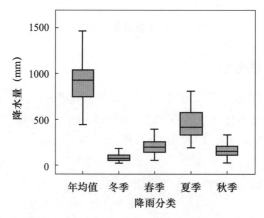

图 3-11 1952—2011 年降水量年均值及各季节降水量变化范围

3. 降水量的正态概率分布检验

对降雨量序列取对数后通过正态概率分布图及其无趋势图，对降水量的年均值和个季节降水量数值进行正态概率分布检验。从图 3-12、图 3-14 和图 3-16 可看出，年降水量的分布形式接近正态，其值较均匀地贴在正态概率分布线上；而图 3-13、图 3-15 表明，冬季和夏季的降水量分布偏离正态概率分布线，呈一定的负偏态。

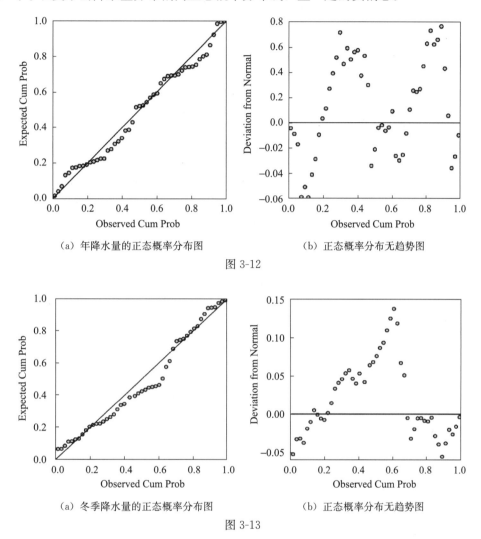

（a）年降水量的正态概率分布图 （b）正态概率分布无趋势图

图 3-12

（a）冬季降水量的正态概率分布图 （b）正态概率分布无趋势图

图 3-13

4. 降水频率曲线分析

根据淮南站 58 年（1952—2011 年，缺失 2006—2007 年）降水量资料，计算其经验（累积）频率，见表 3-2。根据我国的研究，由于 P-Ⅲ型分布适应性较强，认为就我国情况而言，可以用 P-Ⅲ型分布配合各种水文变量。假定总体服从 P-Ⅲ型分布，经过适线得到降水频率分布曲线（图 3-17）。适线选用的统计参数 E（x）=919.36、Cv=0.25、Cs=0.67。从适线图可确定丰水年、平水年和枯水年，相应于概率 P_1=25%、P_2=50%、P_3=75% 水平年的年降水量分别为 1057.35mm、893.87mm、753.66mm。

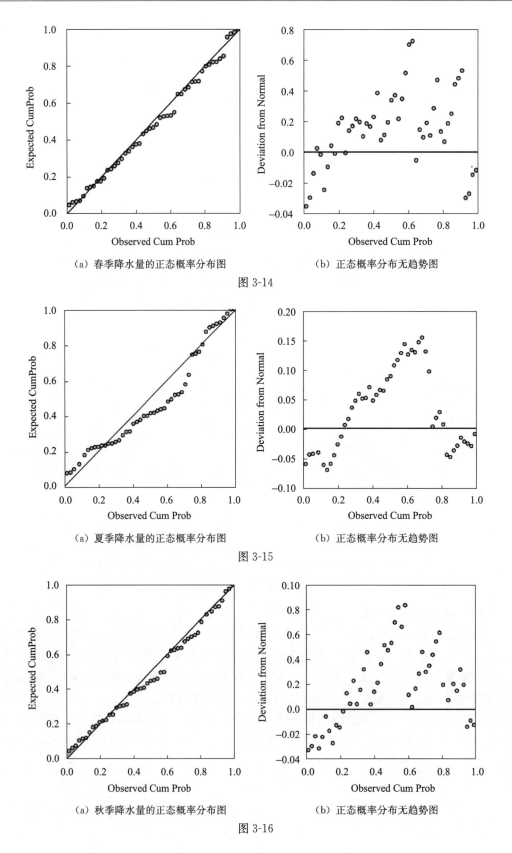

（a）春季降水量的正态概率分布图　　　　　（b）正态概率分布无趋势图

图 3-14

（a）夏季降水量的正态概率分布图　　　　　（b）正态概率分布无趋势图

图 3-15

（a）秋季降水量的正态概率分布图　　　　　（b）正态概率分布无趋势图

图 3-16

表 3-2 经验频率计算表

序号	年降水量（mm）	经验频率（%）	序号	年降水量（mm）	经验频率（%）	序号	年降水量（mm）	经验频率/%
1	1522.6	1.7	21	1011.4	35.6	41	785.2	69.5
2	1460.8	3.4	22	997.1	37.3	42	780.1	71.2
3	1393.3	5.1	23	965	39.0	43	748.7	72.9
4	1376.1	6.8	24	960.8	40.7	44	748.4	74.6
5	1222.6	8.5	25	951	42.4	45	742.7	76.3
6	1153.6	10.2	26	938.8	44.1	46	736.5	78.0
7	1105.6	11.9	27	937.2	45.8	47	733	79.7
8	1097.9	13.6	28	934.1	47.5	48	723.2	81.4
9	1085.2	15.3	29	927.2	49.2	49	717.3	83.1
10	1083.9	16.9	30	925.4	50.8	50	716.4	84.7
11	1062.8	18.6	31	921.4	52.5	51	709.7	86.4
12	1056	20.3	32	878	54.2	52	707.8	88.1
13	1055.2	22.0	33	874.9	55.9	53	681.9	89.8
14	1054.4	23.7	34	850.4	57.6	54	669.7	91.5
15	1052.8	25.4	35	847.8	59.3	55	633.8	93.2
16	1040.9	27.1	36	838.4	61.0	56	591.4	94.9
17	1027.3	28.8	37	829.6	62.7	57	535.4	96.6
18	1024	30.5	38	824.1	64.4	58	450.3	98.3
19	1023.2	32.2	39	812.7	66.1			
20	1021.1	33.9	40	803.8	67.8			

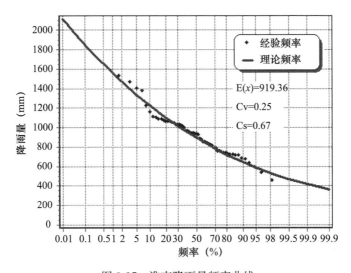

图 3-17 淮南降雨量频率曲线

3.5.3　水资源量计算

受开采沉降的影响，采煤沉陷区具有地形变化、微地貌起伏和土壤养分流失等特点，同时，采煤沉陷造成地貌改变，引起小范围的微水文循环过程的变化。从下垫面条件及其变化与小尺度水文循环的相互作用机理和过程出发，充分考虑采煤沉陷区的地貌演变，构建采煤沉陷区微地貌演变下的水文过程变异机理模型，研究不同降水及不同下垫面条件下的产汇流过程，并依据演变的沉陷区范围下的水文过程及其变异性，预测不同沉陷形态下的地表水资源量。

1. SWAT 模型

在已调查、搜集潘谢矿区基本资料的基础上制作了土地利用图、土壤类型图和气象数据等，而后在形成数据库基础上，利用 ARCSWAT 模块所带的流域勾绘功能将流域划分为子流域和水文响应单元（HRU），通过对径流量、蒸散发和渗透参数的模拟计算得出结果。通过模拟可以得到塌陷前和塌陷后研究区流入西淝河水量。

ARCSWAT 是一个 SWAT 模型的图形化用户界面，它是作为 ARCGIS 的一个扩展模块而嵌入 ARCGIS 中的。ARCSWAT2.3 包括以下几个模块：

（1）流域划分；（2）水文响应单元定义；（3）气象点定义；（4）ARCSWAT 数据库；（5）输入参数，情景管理；（6）模型运行等。如图 3-18 所示。

ARCSWAT 的主要步骤：

（1）划分亚流域并定义水文响应单元（HRU）；

（2）编辑 SWAT 数据库；

（3）输入气象数据；

（4）编辑输入文件；

（5）运行模型；

（6）调用校准工具；

（7）分析数据。

图 3-18　SWAT 模型的图形化用户界面

2. 潘谢矿区径流模拟数据库

（1）土地利用类型图的处理及转化

将区内土地利用类型简单地分为耕地、水域两种，采用 SWAT 模型中土地利用方式代码见表 3-3，利用 ARCGIS 软件进行矢量化，得到与 DEM 中投影坐标系相同的土壤类型（.shp 格式）图件，并在 SWAT 模型建立过程中转化为与 DEM 图具有相同分辨率的（.grid）图件。

表 3-3　土地利用类型代码

土地利用	水域	城镇
代码	WATR	URBN

利用 ARCVIEW 的空间分析功能得到各种土地利用类型所占研究区总面积的比例，见表 3-4。

表 3-4　土地利用类型所占研究区总面积的比例

土地利用	水域	城镇
面积百分比（%）	1.65	98.35

（2）土壤类型图的处理及转化

将区内土壤类型简单划分成两种，采用 SWAT 模型中土壤类型代码（表 3-5）。利用 ARCGIS 软件进行矢量化，得到与 DEM 中投影坐标系相同的土壤类型（.shp 格式）图件，并在 SWAT 模型建立过程中转化为与 DEM 图具有相同分辨率的（.grid）图件。

表 3-5　土壤类型代码

土壤类型	水面	棕壤
代码	WATER	URBAN LAND

利用 ARCVIEW 的空间分析功能得到各种土壤类型所占研究区总面积的比例（表 3-6）。

表 3-6　土壤类型所占研究区总面积的比例

土壤类型	水面	棕壤
面积百分比（%）	1.65	98.35

（3）气象数据库

SWAT 模型需要的气象数据主要包括流域的日降雨量、最高/最低气温、太阳辐射、风速和相对湿度。在此过程中首先要建立气象发生器监测站位置表，还要建立降雨、气温、太阳辐射、风速、相对湿度监测站位置表等（表 3-7～-3-14）。

1）气象发生监器测站位置表和降雨、气温、太阳辐射、风速、相对湿度测站位置表及相对应的数据表基本格式。

表 3-7　气象发生器测站位置表（dBase 表）的格式

字段名	字段格式	定义
ID	整型	测站编码
NAME	最多 8 个字符	测站名字
XPR	浮点	在已定义投影中的 X 坐标
YPR	浮点	在已定义投影中的 Y 坐标

表 3-8　降雨、气温测站位置表（dBase 表）的格式

字段名	字段格式	定义
ID	整型	测站编码
NAME	最多 8 个字符	测站名字
XPR	浮点	在已定义投影中的 X 坐标
YPR	浮点	在已定义投影中的 Y 坐标
ELEVATION	整型	测站高程（m）

表 3-9　太阳辐射、风速、相对湿度测站位置表（dBase 表）的格式

字段名	字段格式	定义
ID	整型	测站编码
NAME	最多 8 个字符	测站名字
XPR	浮点	在已定义投影中的 X 坐标
YPR	浮点	在已定义投影中的 Y 坐标

表 3-10　每日降水数据表 dBase（.dbf）表的格式

字段名	字段格式	定义
DATE	Yyyymmdd	日期
PCP	浮点（f5.1）	单位：mm

表 3-11　气温 dBase 表的格式

字段名	字段格式	定义
DATE	Yyyymmdd	日期
MAX	浮点（f5.1）	单位：C
MIN	浮点（f5.1）	单位：C

表 3-12　太阳辐射数据表 dBase 表的格式

字段名	字段格式	定义
DATE	Yyyymmdd	日期
SLR	浮点（f8.3）	单位：（$MJ/m^2/day$）

表 3-13　风速数据表 dBase 表的格式

字段名	字段格式	定义
DATE	Yyyymmdd	日期
WND	浮点（f8.3）	每日平均风速，单位：（m/s）

表 3-14　相对湿度数据表 dBase 表的格式

字段名	字段格式	定义
DATE	Yyyymmdd	日期
HMD	浮点（f8.3）	逐日相对湿度

2）潘谢矿区的气象数据

气象发生器监测站位置表（图 3-19）

OID	ID	NAME	XPR	YPR
0	0	PANJI	478077.565	624152.45

图 3-19　气象发生器监测站位置表

降雨监测站位置表（图 3-20）

OID	Field1	ID	NAME	XPR	YPR	ELEVATION
0	0	0	PJPCP	478077.65	624152.45	0

图 3-20　降雨监测站位置表

每日降水数据表（部分，图 3-21）

气温数据表（部分，图 3-22）

Attributes of PJPCP

OID	DATE	PCP
0	2010/1/1	0
1	2010/1/2	0
2	2010/1/3	0
3	2010/1/4	0
4	2010/1/5	0
5	2010/1/6	0
6	2010/1/7	0
7	2010/1/8	0
8	2010/1/9	0
9	2010/1/10	1.5
10	2010/1/11	0
11	2010/1/12	0
12	2010/1/13	0
13	2010/1/14	0
14	2010/1/15	0
15	2010/1/16	0
16	2010/1/17	0
17	2010/1/18	0
18	2010/1/19	0
19	2010/1/20	0
20	2010/1/21	0
21	2010/1/22	0
22	2010/1/23	0
23	2010/1/24	0
24	2010/1/25	0
25	2010/1/26	0
26	2010/1/27	0
27	2010/1/28	0
28	2010/1/29	0
29	2010/1/30	0
30	2010/1/31	3.2

Attributes of PJTMP

OID	DATE	MAX	MIN
0	2010/1/1	11.9	.3
1	2010/1/2	9.3	1.8
2	2010/1/3	11.1	.8
3	2010/1/4	8	-.5
4	2010/1/5	.4	-5.2
5	2010/1/6	3.2	-4.3
6	2010/1/7	.9	-2.4
7	2010/1/8	2.7	-.5
8	2010/1/9	7	.3
9	2010/1/10	4.5	-.5
10	2010/1/11	2.5	-1.1
11	2010/1/12	7.8	-2
12	2010/1/13	2.2	-5.4
13	2010/1/14	11.6	-2.3
14	2010/1/15	5.5	1.3
15	2010/1/16	7.4	-.3
16	2010/1/17	12	.5
17	2010/1/18	14.5	3.2
18	2010/1/19	18.4	7.3
19	2010/1/20	14.8	4.7
20	2010/1/21	4.7	-.5
21	2010/1/22	4.6	-.3
22	2010/1/23	8	-.4
23	2010/1/24	7.9	1.9
24	2010/1/25	8.7	1.6
25	2010/1/26	9.9	-.8
26	2010/1/27	13.4	5.6
27	2010/1/28	13.8	2.7
28	2010/1/29	13.1	3.7
29	2010/1/30	14.7	7.8
30	2010/1/31	11.8	6.1

图 3-21　每日降水数据表　　图 3-22　气温数据表

3. 潘集矿区径流模拟

（1）SWAT 模型数据输入流程图（图 3-23）

SWAT 模型运行前模型输入的赋值分为两个步骤：第一步是将参数化过程中获得的运行参数以某种格式的数据文件（主要为 .dbf 文件）进行存储；第二步是将数据文件转成模型运行的输入文件，主要包括：结构文件（.fig）、水文响应单元文件（.hru）、土壤文件（.sol）、气象文件（.wgn）、子流域文件（.sub）、主河道文件（.rte）、地下水文件（.gw）、水资源利用文件（.wus）、农业管理文件（.mgt）、土壤化学文件（.chm）和河流水质文件（.swq）。

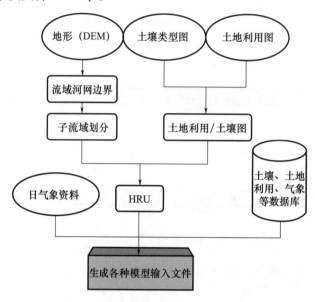

图 3-23　SWAT 模型数据输入流程图

（2）流域划分的步骤

流域划分对话框（图 3-24），对话框分为 5 个部分：DEM 设置，河网定义，Outlet、Inlet 定义，流域总出口选择，以及子流域参数的计算。

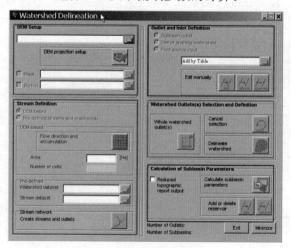

图 3-24　流域划分对话框

1) DEM 设置

DEM 的加载方式有两种：一种是 Load from Disk，另一种是 Select from Map（图 3-25）。DEM 加载之后的效果图见图 3-26。

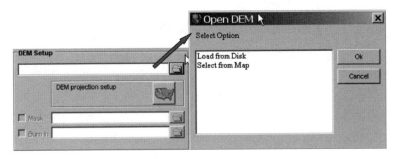

图 3-25 DEM 的加载方式

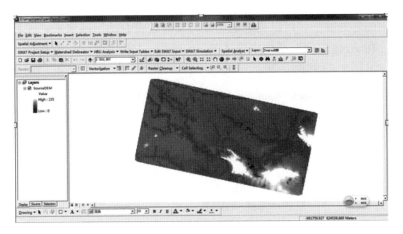

图 3-26 DEM 加载后的效果图

加载 DEM 之后，查看 DEM 属性确认其信息是否准确（图 3-27）。

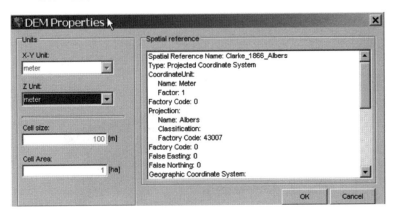

图 3-27 DEM 属性

2) 加载 Mask

加载 Mask，其主要作用是：准确地确定研究区域，减少处理 DEM 的数据量。加载 Mask 有三种方法：①从硬盘加载；②从图中选择；③手动绘制（图 3-28）。

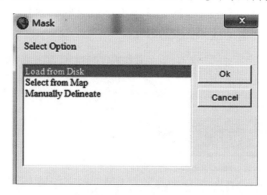

图 3-28　加载 Mask 的方法

3）加载河网（可选）

加载河网的好处在于，可以更好地生成与实际较符合的河网水系，尤其在河流下游的平坦区域。在 Area 右侧对话框中输入的 upstream drainage area 值越小，划分的河网就会越详细，见图 3-29 和图 3-30：

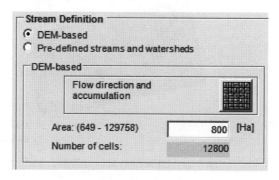

图 3-29　加载河网

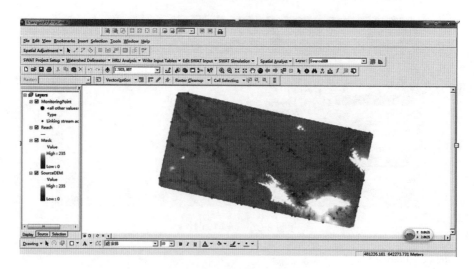

图 3-30　加载河网后的效果图

4）OUTLET、INLET 定义及流域总出口指定及子流域划分（图 3-31、图 3-32）

5）计算子流域参数

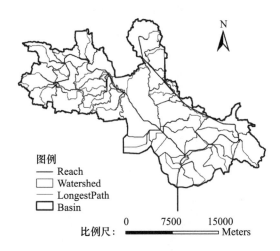

图 3-31　塌陷前流域总出口指定后效果图

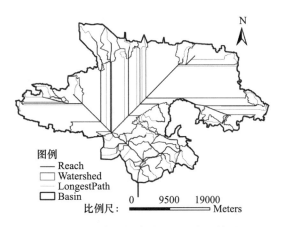

图 3-32　塌陷后流域总出口指定后效果图

（3）HRU 分析

流域土地利用、土壤和坡度的参数化通过 HRU 分析菜单下的命令执行。这些工具可以用来加载土地利用和土壤图层进入当前项目，评估坡度特征，确定流域及每个子流域的 land use/soil/slope 分类组合及分布。当输入土地利用和土壤数据并连接到了 SWAT 数据库，可以指定决定 HRU 分布的标准。对于每一个子流域，一个或多个独一无二的 land use/soil/slope 组合（hydrologic response units or HRUs）将会被创建。

1）Land use/SOIL/SLOPE 定义及覆盖

ARCSWAT 的图层叠加使用到了土地利用现状、土壤养分、坡度三个部分。

Land use/SOIL/SLOPE 定义及覆盖的关键步骤：加载土地利用格栅图；重新分类土地利用类型；加载土壤格栅图；重新分类土壤类型；重新分类坡度；覆盖 land use，soil，slope。

2）Land Use 数据的处理

选择所要加载的 land use 数据集，加载进来之后选择区别土地利用类型的相应属性字段，则 Value 和面积比将会显示出来。而后加载土地利用索引表，以使格栅 Value 值与 SWAT land cover/plant 数据库里的分类联系起来如图 3-33，叠加后的效果图见图 3-34和图 3-35。

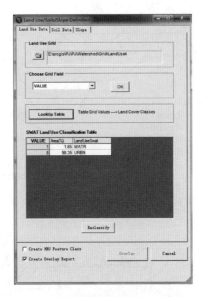

图 3-33　Land Use 数据处理的效果图

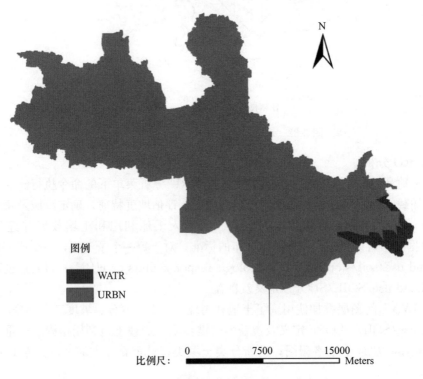

图 3-34　塌陷前土地利用叠加效果图

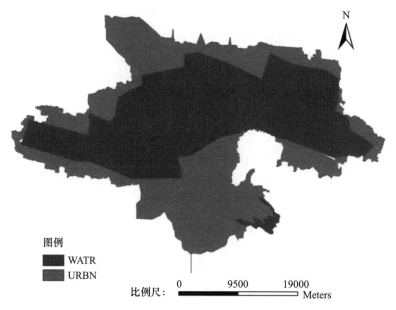

图 3-35 塌陷后土地利用叠加效果图

3）Soil 数据的处理

Soil 数据的处理和 Land Use 数据的处理过程是一样的，叠加后的效果也是一样的。

4）Slope 分类

在本实例中选择了将 HRU 划分为只有一种坡度分类。

5）HRU 定义

选择 HRU Analysis 菜单的 HRU Definition，HRU Definition 对话框会显示 ARC-SWAT 模型 HRUs 分配界面（图 3-36）。

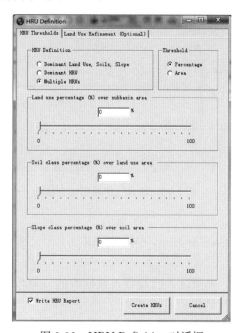

图 3-36 HRU Definition 对话框

6）输入气象数据

SWAT 模型需要的气象数据主要包括流域的日降雨量、最高或最低气温、太阳辐射、风速和相对湿度。在输入气象数据之前要确保气象发生器数据是否输入了 User Weather Stations。查看方法：点击 Edit SWAT Input—Databases—User Weather Stations，见图 3-37。

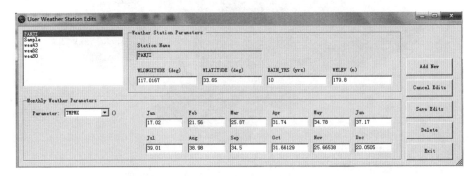

图 3-37　气象发生器数据

输入气象数据：选择 Write Input Tables 菜单中的 Weather Stations。

Weather Generator Data 有两种类型（图 3-38）：

①US database：包含了美国周边 1041 个站点的天气信息。

②Custom database：加载用户气象站数据库里的用户气象数据。选择 Custom database，并加载 weather generator 测站位置表。找到之前创建的气象发生器监测站位置表和降雨、气温、太阳辐射、风速、相对湿度监测站位置表，分别加载进来。

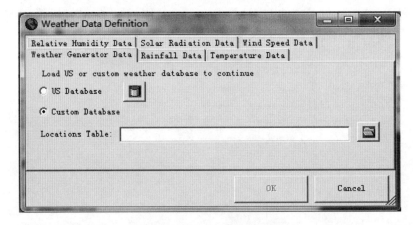

图 3-38　输入气象数据的方法

7）输入文件的创建

具体做法是点击 Weather Stations—Write All。

8）SWAT 运行模拟

在完成 HRU 的生成，模型读入已经载入数据库的气象数据后，接着可以利用模型进行水文模拟了。软件运行的界面见图 3-39。

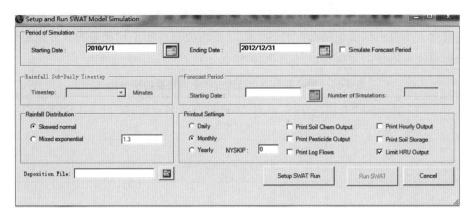

图 3-39　软件运行的界面

3.5.4　水资源量计算结果

1. 利用美国农业部开发的 SWAT 分布式流域水文模型进行地表径流模拟，并将其应用于潘谢矿区的流域。利用研究区内的地形、气象、土壤、土地利用等资料建立水文模型来模拟流域的径流过程。研究区内塌陷前和塌陷后各年流入西淝河的流量过程曲线见图 3-40 和图 3-41。

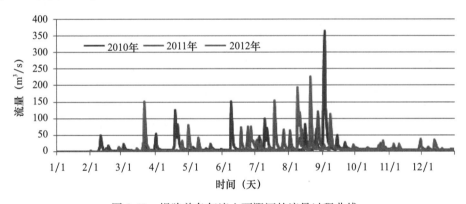

图 3-40　塌陷前各年流入西淝河的流量过程曲线

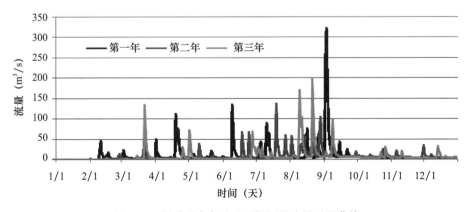

图 3-41　塌陷后各年流入西淝河的流量过程曲线

2. 逐日流量过程曲线表示了径流年内的变化,但这种方法由于所取时段较短,并不能定量地表示总出口流量的分配特征。以月平均流量占年平均流量的百分比更能够定量地表示总出口流量的分配特征见表 3-15 和表 3-16。

表 3-15　塌陷前月平均流量占年平均流量的百分比

日期 2010	月平均流量占年平均流量百分百(%)	日期 2011	月平均流量占年平均流量百分百(%)	日期 2012	月平均流量占年平均流量百分百(%)
1 月	0.01	1 月	0	1 月	0.08
2 月	4.39	2 月	1.06	2 月	0.52
3 月	4.99	3 月	3.47	3 月	9.67
4 月	13.7	4 月	1.63	4 月	3.77
5 月	5.49	5 月	4.22	5 月	6.78
6 月	9.56	6 月	10.2	6 月	6.88
7 月	12.5	7 月	15.1	7 月	9.54
8 月	10.8	8 月	28.3	8 月	32.8
9 月	31	9 月	12.3	9 月	12.3
10 月	4.36	10 月	9.64	10 月	6.7
11 月	2.25	11 月	8.05	11 月	4.75
12 月	0.98	12 月	5.95	12 月	6.22

表 3-16　塌陷后月平均流量占年平均流量的百分比

日期 2010	月平均流量占年平均流量百分百(%)	日期 2011	月平均流量占年平均流量百分百(%)	日期 2012	月平均流量占年平均流量百分百(%)
1 月	0	1 月	0	1 月	0.07
2 月	4.37	2 月	1.09	2 月	0.5
3 月	4.98	3 月	3.4	3 月	9.72
4 月	13.8	4 月	1.58	4 月	3.73
5 月	5.46	5 月	4.17	5 月	6.72
6 月	9.54	6 月	10.3	6 月	6.98
7 月	12.5	7 月	15.2	7 月	9.43
8 月	10.8	8 月	28.4	8 月	32.9
9 月	31.1	9 月	12.2	9 月	12.3
10 月	4.34	10 月	9.66	10 月	6.73
11 月	2.23	11 月	8.1	11 月	4.7
12 月	0.96	12 月	5.9	12 月	6.22

3. 根据已有资料得知丰水年、平水年和枯水年,相应于概率 $P_1 = 25\%$、$P_2 = 50\%$、$P_3 = 75\%$,平水年的年降水量分别为 1057.35mm、893.87mm、753.66mm。潘谢矿区研究区域的三年平均降雨量为 896.3mm,塌陷前年平均径流量为 2884.85 万 m^3,经过同倍比放大得到丰水年、平水年和枯水年的总出口径流量分别为 3403.20 万 m^3、

2876.80 万 m^3、2425.74 万 m^3。塌陷前年平均径流量为 2539.37 万 m^3，经过同倍比放大得到丰水年、平水年和枯水年的总出口径流量分别为 2996.36 万 m^3、2532.89 万 m^3、2135.75 万 m^3。塌陷前和塌陷后研究区流入西淝河水量多年变化见表 3-17。

表 3-17 塌陷前后研究区流入西淝河水量多年变化　　　　　单位：万 m^3

典型年	塌陷前	塌陷后
丰水年	3403.20	2996.36
平水年	2876.80	2532.89
枯水年	2425.74	2135.75

通过表 3-17 的对比可以得知，塌陷前研究区流入西淝河的水量要比塌陷后研究区流入西淝河的水量要多。这是由于矿区在一定开采时间段后地表会形成塌陷积水区，塌陷积水区是一种特殊的淡水储存库，它会储存一部分的水量，使流入西淝河的水量减少。

由于淮南矿区地下水位埋藏较浅，煤炭开采形成的塌陷水域数量也将不断增加，使得塌陷区内储存的淡水资源也越来越多，如果能充分合理地利用塌陷区内的淡水资源，将有助于解决水资源对矿区经济的发展制约，缓解矿区居民与矿业企业之间的用水矛盾。

4 采煤沉陷区浅层地下水资源的分布特征

4.1 采煤沉陷区浅层地下水资源调查

4.1.1 浅部含水层结构观测孔布置

1. 布孔要求

研究区属于淮河冲积平原，根据《供水水文地质勘察规范》（GBJ 27—1988），研究区断面的布置和观测孔的布置满足规范精度的要求（表4-1）。

表 4-1　松散层地区勘探线的布置以及孔距离

类型	勘探线的布置	勘察阶段	勘探线间距（km）	勘探孔间距（km）
冲洪积平原地区	垂直地下水流向布置	详查	3.0～6.0	1.0～3.0
		勘探	1.0～3.0	0.5～1.5
宽度为1～5km的山间河谷冲积阶地地区	垂直地下水流向或地貌单元布置，在傍河或在河床下取渗透水时，应结合拟建取水物构筑物类型布置垂直和平行河床的勘探线	详查	1.0～4.0	0.3～1.5
		勘探	0.5～2.0	0.2～1.0
宽度小于1km的山间河谷冲积阶地地区	垂直地下水流向或地貌单元布置，在傍河或在河床下取渗透水时，应结合拟建取水物构筑物类型布置垂直和平行河床的勘探线	详查	0.5～2.0	0.2～0.4
		勘探	0.3～1.0	0.1～0.3
冲洪积扇地区	先沿扇轴布置勘探线，选择富水地段，再在富水地段布置垂直扇轴（或垂直地下水流向）的勘探线	详查	1.0～4.0	0.3～1.5
		勘探	0.5～2.0	0.2～1.0

根据现场勘查，结合研究区的地形、地质条件，选定三个沉陷区作为研究区，分别为顾桥顾北沉陷区、潘一东后湖沉陷区、潘一潘三沉陷区，在现场共设置13个观测孔，来定时观测浅层地下水水位和采集浅层地下水样品，设置时考虑了沉陷区的浅层地下水流场、沉陷地形等因素，同时在不同沉陷区布设了断面，分别为A-A'断面（图4-1）、B-B'断面（图4-2）、C-C'断面（图4-3）。

2. 钻孔岩性结构

钻孔过程中对研究区地层从上到下进行了描述和编录，发现研究区地层岩性主要为粉细砂、黏土，黏土层厚度不均，在4～9m，浅层地下水含水层岩性为粉砂-细砂，厚度比较稳定在1m左右。根据钻孔编录资料绘制了所有钻孔的柱状图，部分钻孔柱状图见图4-4。

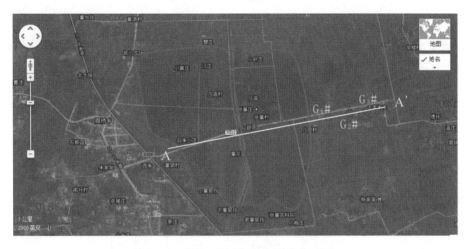

图 4-1　顾桥、顾北沉陷区钻孔位置图

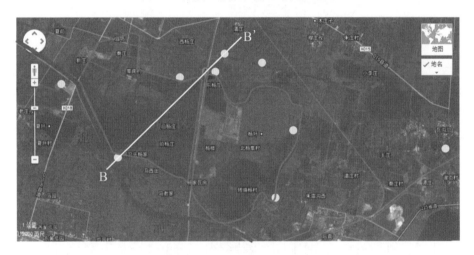

图 4-2　潘一、潘三沉陷区钻孔位置图

图 4-3　后湖沉陷区钻孔位置图

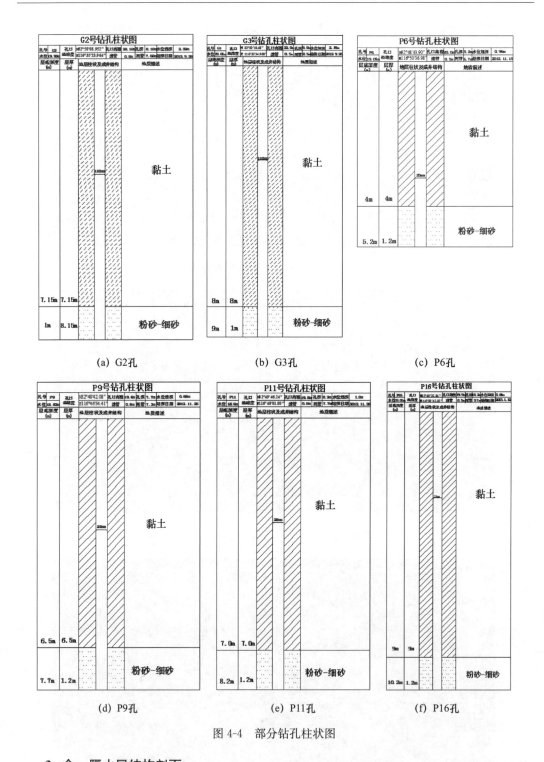

図 4-4　部分钻孔柱状图

3. 含、隔水层结构剖面

综合研究区的钻孔地层资料，绘制了研究区不同断面的含水层结构如图 4-5，主要由包气带黏土层、细粒砂岩含水层及底部砂质黏土层组成。

（1）研究区的主要岩性以粉砂和黏土为主，其中黏土层透水性弱，为弱透水结构；

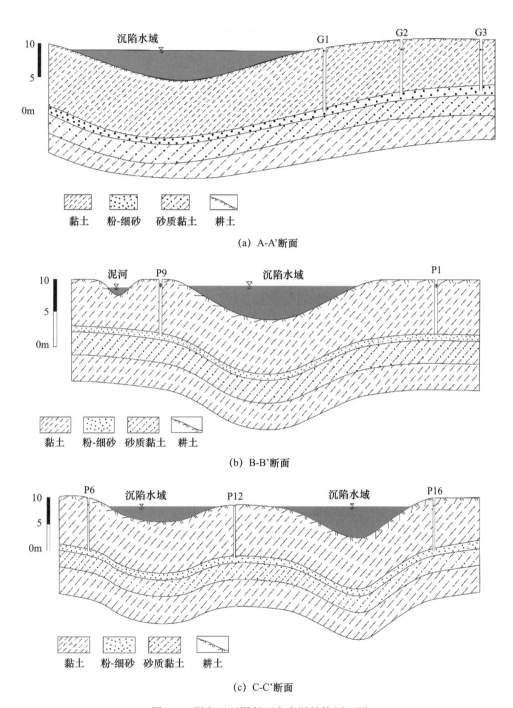

(a) A-A'断面

(b) B-B'断面

(c) C-C'断面

图 4-5 研究区不同断面含水层结构剖面图

由粉砂、细砂组成渗透性较大的含水层，导水性强，为微承压含水层结构；

（2）垂直向上，各层位的粒径由上至下，从砂质黏土到细粉砂层，其透水性也逐渐
增强。

4.1.2 观测孔地层土性质及渗透性研究

通过测试观测孔地层土粒度来研究浅层地下水含水层土性质。

1. 测试原理

采用激光法测定观测孔地层不同层位的土粒度，同时测定对浅层地下水所在含水层的粒度。

激光法是根据光的 Fraunhofe 衍射和 Mier 散射原理，测定悬浊液中颗粒的粒径。采用全量程米氏散射理论，充分考虑到被测颗粒和分散介质的折射率等光学性质，根据大小不同的颗粒在各角度上散射光强的变化，反演出颗粒群的粒度分布数据。

颗粒测试的数据计算一般分为有约束拟合反演和无约束拟合反演两种方法。

有约束拟合反演在计算前假设颗粒群符合某种分布规律，再根据该规律反演出粒度分布。这种运算相对比较简单，但由于事先的假设与实际情况之间不可避免地会存在偏差，从而有约束拟合计算出的测试数据不能真实反映颗粒群的实际粒度分布。

无约束拟合反演即测试前对颗粒群不做任何假设，通过光强直接准确地计算出颗粒群的粒度分布。这种计算前提是合理的探测器设计和粒度分级，给设备本身提出很高的要求。

试验中采用最优的非均匀性交叉三维扇形矩阵排列的探测器阵列和合理的粒度分级，从而能够准确地测量颗粒群的粒度分布。

世界各国大都按土粒粗细分砾、砂粒、粉粒和黏粒 4 个粒级，但具体界限和每个粒级的进一步划分有一定差异。表 4-2 为几种常用的土壤粒级划分方案。

表 4-2 土壤粒级划分方案

国际制		美国制		苏联制		中国制（暂行）	
粒级名称	粒级	粒级名称	粒级	粒级名称	粒级	粒级名称	粒级
石砾	>2	石块	>3	石块	>3	石砾	3~1
粗砂	2~0.2	粗砾	3~2	石砾	3~1	粗砂粒	1~0.25
细砂	0.2~0.02	极粗砂粒	2~1	粗砂粒	1~0.5	细砂粒	0.25~0.05
粉（砂）粒	0.02~0.002	粗砂粒	1~0.5	中砂粒	0.5~0.25	粗粉粒	0.05~0.01
黏粒	<0.002	中砂粒	0.5~0.25	细砂粒	0.25~0.05	细粉粒	0.01~0.05
		细砂粒	0.25~0.1	粗粉粒	0.05~0.01	粗黏粒	0.005~0.001
		极细砂粒	0.1~0.05	中粉粒	0.01~0.005	黏粒	<0.001
		粉（砂）粒	0.05~0.002	细粉粒	0.005~0.001		
		黏粒	<0.002	粗黏粒（黏质的）	0.001~0.0005		
				细黏粒（胶质的）	0.0005~0.0001		
				胶体	<0.0001		

2. 粒度测试结果

（1）潘集沉陷区观测孔岩性粒度分析

针对潘集沉陷区设置的人工观测孔，测定浅层地下水含水层中土粒度，结果见表 4-3 和图 4-6。

表 4-3　潘集浅层地下水含水层粒度

编号	位置	D_{10} (μm)	D_{50} (μm)	D_{90} (μm)	D_3 (μm)	D_{97} (μm)	D_{av} (μm)	S/V (m²/cm³)	<0.08μm (%)	<0.20μm (%)
1	P1	1.70	4.03	10.50	1.23	13.80	5.23	1.378	0.00	0.00
2	P2	1.76	4.38	12.62	1.32	16.67	6.02	1.197	0.00	0.00
3	P3	1.67	4.76	12.10	1.19	16.57	6.04	1.192	0.00	0.00
4	P4	3.87	9.56	17.58	2.49	22.66	10.32	0.697	0.00	0.00
5	P6	2.83	8.64	17.78	1.97	24.07	9.67	0.745	0.00	0.00
6	P7	5.58	11.97	24.88	3.62	34.47	13.91	0.518	0.00	0.00
7	P8	3.68	9.42	18.15	2.36	24.45	10.39	0.693	0.00	0.00
8	P9	2.39	7.37	15.41	1.77	20.39	8.25	0.872	0.00	0.00
9	P12	2.03	5.77	13.71	1.54	18.30	6.97	1.033	0.00	0.00
10	P14	2.09	6.44	14.25	1.57	18.85	7.44	0.968	0.00	0.00
11	P16	18.42	24.98	35.04	15.95	41.94	26.07	0.276	0.00	0.00

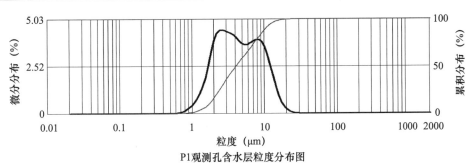

P1观测孔含水层粒度分布图

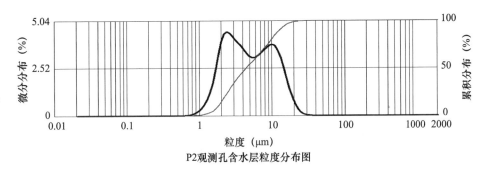

P2观测孔含水层粒度分布图

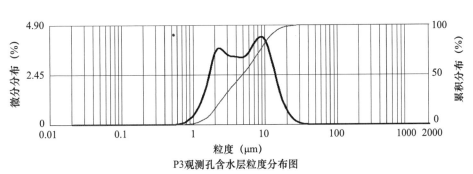

P3观测孔含水层粒度分布图

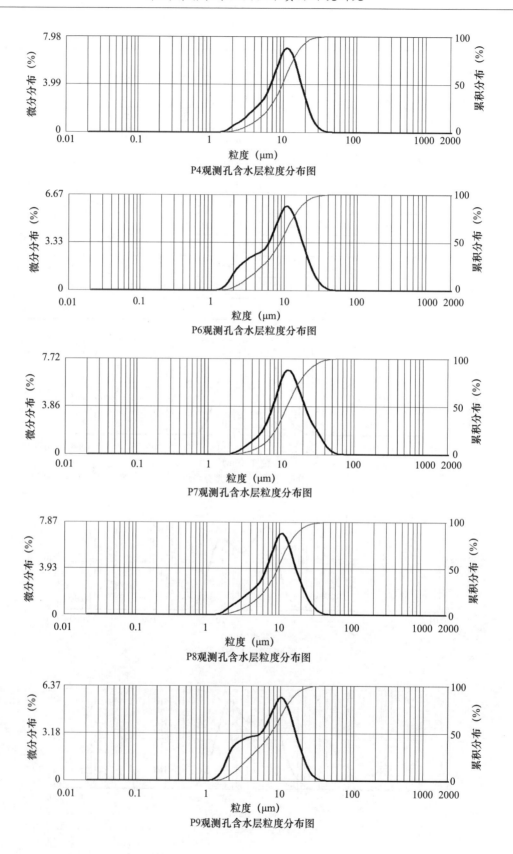

P4观测孔含水层粒度分布图

P6观测孔含水层粒度分布图

P7观测孔含水层粒度分布图

P8观测孔含水层粒度分布图

P9观测孔含水层粒度分布图

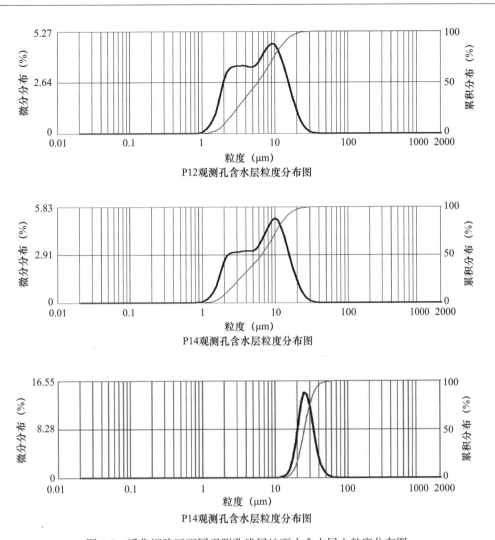

图 4-6　潘集沉陷区不同观测孔浅层地下水含水层土粒度分布图

潘集土样粒度分析样品取自研究区人工钻探的观测孔，观测孔的深度约为 8～11m，采样地层位置均为第四纪松散层黏土层。样品的主体（80%）颗粒分布区间（D10，D90）分别为（1.70，10.50）、（1.76，12.62）、（1.67，12.10）、（3.87，17.58）、（2.83，17.78）、（5.58，24.88）、（3.68，18.15）、（2.39，15.41）、（2.03，13.71）、（2.09，14.25）；均值为（2.76，15.70）。样品最小粒径（以 D3 表示）为 1.19～3.62μm，最大粒径（以 D97 表示）为 13.80～34.47μm；样品粒径的平均值（Dav）为 5.23～13.91μm，粒径中位数（D50）为 4.03～11.97μm，粒径平均值均大于粒径中位值，开放式和封闭式的沉陷区浅层地下水中粒度分布相似。

从粒度累积分布图上看，粒度分布类型主要为双峰型和单峰型，双峰型说明含水层中以 2～3μm 和 10μm 两种粒径颗粒为主，且两种颗粒分布相对均匀，单峰型说明含水层中以 10～20μm 的颗粒为主。根据表 4-3 中美国制土壤粒级划分标准[93]，浅层地下水含水层中黏粒（<2μm）含量在极低，在 0～1.7% 之间，粉粒（2～50μm）含量在各点位间的差别较大，变化范围为 0～90%，极细砂粒（50～100μm）含量在 0.6～4% 之

间。总体来说，潘集开放式和封闭式沉陷区浅层地下水含水层中岩性以粉粒为主，含有少量粉砂、极细砂粒。

（2）顾桥、顾北矿沉陷区观测孔岩性粒度分析

针对潘集沉陷区设置的人工观测孔，测定浅层地下水含水层中土粒度，结果见表4-4、图4-7。

表4-4 顾桥、顾北矿沉陷区观测孔不同深度土粒度

编号	位置	D10 (μm)	D50 (μm)	D90 (μm)	D3 (μm)	D97 (μm)	Dav (μm)	S/V (m²/cm³)	<0.08um (%)	<0.20um (%)
1	1.5m	3.68	9.36	17.59	2.29	22.44	10.16	0.708	0.00	0.00
2	3.0m	3.13	8.98	17.09	1.87	22.30	9.73	0.740	0.00	0.00
3	3.5m	4.55	10.93	20.68	2.63	26.83	12.02	0.599	0.00	0.00
4	6.0m	2.45	8.09	16.56	1.62	21.54	8.94	0.805	0.00	0.00
5	8.0m	22.73	45.97	76.20	10.59	93.95	48.13	0.150	0.00	0.00

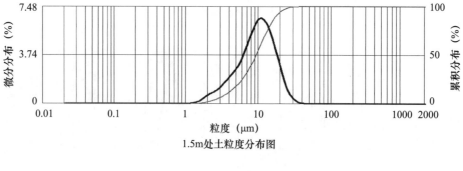

1.5m处土粒度分布图

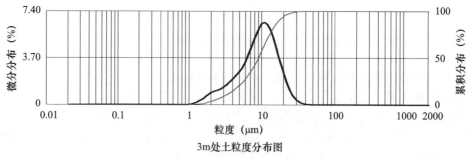

3m处土粒度分布图

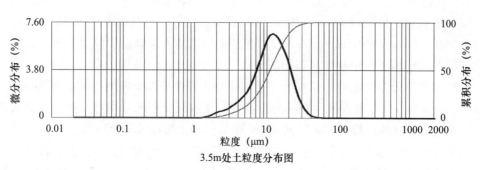

3.5m处土粒度分布图

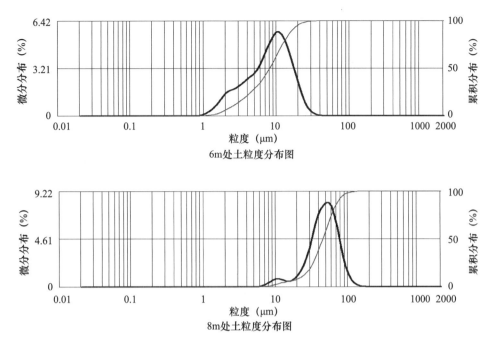

图 4-7　顾桥、顾北矿沉陷区观测孔不同深度土粒度分布图

由表 4-4 和图 4-7 可以看出，顾桥、顾北矿沉陷区观测孔，不同深度样品的主体（80%）颗粒分布区间（D10，D90）分别为（3.68，17.59）、（3.13，17.09）、（4.55，20.68）、（2.45，16.56）、（22.73，76.20），均值为（7.31，29.62），样品粒径的平均值（Dav）为 8.94～48.13，粒径的中位值（D50）为 21.54～93.95μm，粒径平均值均大于中位值；最小粒径（以 D3 表示）与最大粒径（以 D97 表示）分别为 1.62～10.59、30.01μm；上层三个样品的粒度分布情况均为单峰型，说明顾桥、顾北矿钻孔的粒度在垂向上分布以某一粒径的颗粒为主。下层的两个样品的粒度分布情况呈现弱双峰型，说明在向含水层过渡的过程中，上层原有单一的粉粒中逐渐混入砂粒。

由图 4-8、图 4-9 可以看出，总体来说，随着深度的增加土粒径呈现增加的趋势，其中 3～6m 的土粒径相差不大，8m 为浅层地下水含水层，粒径大于上层土粒径，黏粒（<2μm）含量在 1.27%～ 2.03%，其余均为粉粒（2～50μm），在浅层地下水含水层（8m），粉粒（2～50μm）含量约为 62%，极细砂粒（50～100μm）含量约为 36%，细砂粒（100～250μm）含量约为 2%。伴随着深度的增加，土粒的比表面积呈现减小的趋势，中间曲折波动，这与粒径的增大的趋势是对应和吻合的[94-96]。

3. 渗透性研究

参考中华人民共和国水利部发布的《土工试验规程》，细粒土（黏质土和粉质土）渗透系数的测定选用变水头渗透试验。

通过变水头渗透试验，测定并计算渗透系数，见表 4-5。黏质土的渗透系数较小，一般为 10^{-6}～10^{-8} cm/s，而粉质土或者砂的渗透系数较大，10^{-3}～10^{-6} cm/s（图 4-10 和图 4-11）。

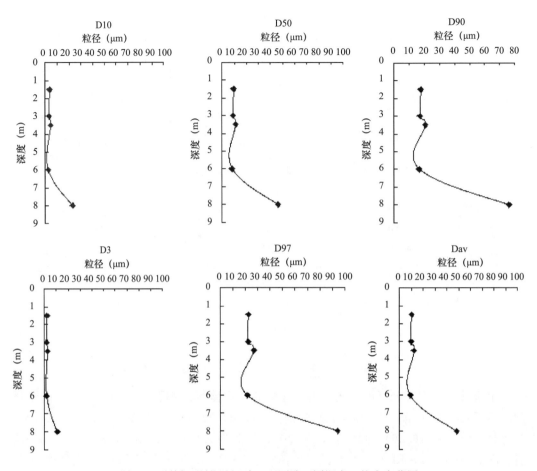

图 4-8　顾桥、顾北矿沉陷区观测孔不同深度土粒度变化图

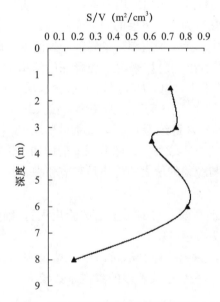

图 4-9　顾桥、顾北矿沉陷区观测孔不同深度土比表面积

表 4-5　标准温度下土样的渗透系数

土样号	取样层位	平均渗透系数 k_{20}（cm/s）	备注
1#	1.3～1.5m	1.85E-08	观测孔 G1#，孔深 2.7m，黏质土
2#	2.8～3.0m	5.57E-08	观测孔 G2#，孔深 7m，黏质土
3#	5.8～6.0m	0.00058	观测孔 G2#，孔深 7m，粉砂
4#	3.4～3.6m	1.46E-06	观测孔 G2#，孔深 8m，黏质土
5#	7.8～8.0m	5.76E-06	观测孔 G2#，孔深 8m，砂
6#	4.0m	0.000118	观测孔 P6#，孔深 4.0m，砂
7#	8.0m	0.001126	观测孔 P8#，孔深 8.0m，砂
8#	8.0m	0.000168	观测孔 P5#，孔深 8.0m，砂
9#	8.0m	2.27E-07	观测孔 P5#，孔深 8.0m，黏质土

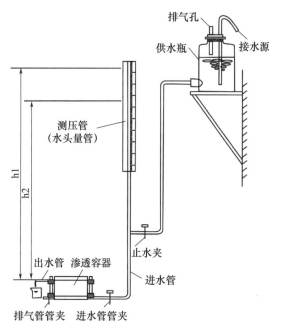

图 4-10　变水头渗透装置

图 4-11　变水头渗透试验

4.1.3　含水岩性及其水位动态变化

1. 含水层岩性结构

研究区含水层结构类型在垂向上表现为上部黏土为主的弱透水层，粒径较小，渗透性较小，其中黏土厚度约为 2.7～11m，分布不稳定；下部为粉砂、细砂组成强透水层，颗粒粒径较大，渗透性较强，砂层厚度一般在 1.0～4.5m 之间。

研究区浅层地下水来自与大气降水补给，通过黏土组成的弱透水层补给细砂强透水层。在不同地段和不同月份的开放式沉陷水域还接受来自河流的补给。排泄方式主要包括蒸发、居民取水以及向河流的排泄，整个研究区地下水流向由北西向南东流动。

浅层地下水的定义在国际上还没有统一，各个地区根据本区的水文地质特征，定义的浅层地下水一般为地下 0～30m 以内。其中，包括上层滞水、潜水和微承压水。通过对研究区的现场含水层钻孔揭露情况，研究区浅层地下水部分为埋深小于 20m 的浅层地下水，属于全新统（Q_4）层位，该层由地表向下第一个微承压含水层，通过包气带及开采沉陷微裂隙与沉陷区地表水体保持一定的水力联系。研究区承压含水层的平均厚度见表 4-6。

表 4-6　含水层的平均厚度一览表　　　　　　　　　单位：m

土层类型	A-A 断面	B-B 断面	C-C 断面
粉砂-细砂	1.0	1.2	1.2
黏土	2.7～7	6.5～8	4～11

2. 地下水动态变化

（1）顾桥、顾北沉陷区观测孔水位

顾桥和顾北目前开采煤层为 11-2 煤层和 13-1 煤层。11-2 煤层开采后沉陷幅度相对较小。当叠加 13-1 煤层开采后，沉陷深度较大。目前，顾桥矿开采深部煤层（−800m 以下），而顾北矿主要开采浅部煤层（−800m 以上）。目前，从开采所造成的沉陷面积范围大小看，主要集中在顾桥矿中央区境内，顾北矿沉陷区范围相对较小，其平面分布如图 4-12 所示。

图 4-12 顾桥、顾北矿沉陷范围示意图

2012 年 11 月 1 日，对顾桥、顾北矿沉陷区观测孔进行自动化监测，仅考虑开采沉陷强度及降水、蒸发对浅层水水位的影响，顾桥、顾北矿沉陷区观测孔 G1♯、G2♯ 和 G3♯ 水位变化如图 4-13～图 4-15 所示。

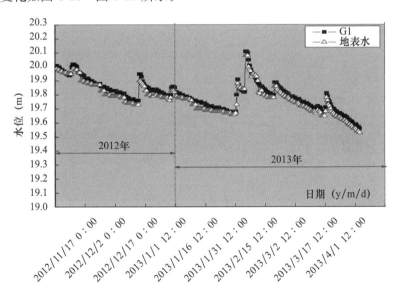

图 4-13 G1♯ 观测孔水位与沉陷区水位变化曲线

G1♯ 观测孔分布在沉陷区内，至 2013 年 4 月沉陷区水位淹没观测孔，观测装置被迫拆除，无数据。2012 年 11 月至 2013 年 4 月，由于观测孔地面下沉及降水量的减少，观测孔内地下水位呈现下降的趋势，G1♯ 孔受地面下沉和降水蒸发量影响较大，地表水对其影响较小。G2♯、G3♯ 观测孔分别分布在受沉陷影响的过渡地区和受沉陷影响较小的地区，与沉陷区地表水联系较小且受地面下沉影响较小，但地下水位降幅趋势大体一致。

降雨与蒸发是影响观测孔地下水位变化的重要影响因素。参考 2012—2013 年降水

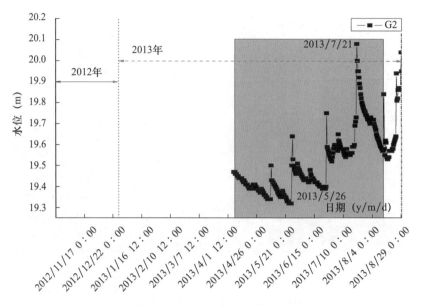

图 4-14　G2♯观测孔水位变化曲线

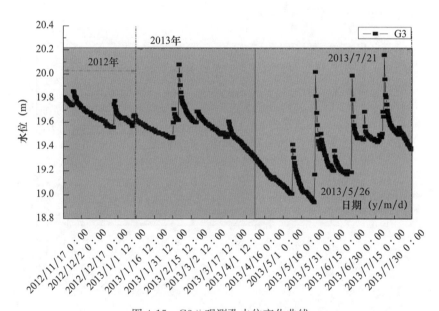

图 4-15　G3♯观测孔水位变化曲线

注：图 4-13 图 4-15 中，灰色区域为 G1♯和 G3♯观测孔相同的观测时期，蓝色区域为 G2♯和 G3♯观测孔相同的观测时期。

量资料，当经历一次较强降水后，3 个观测孔水位均会大幅度增加，此后由于蒸发作用，其水位缓慢下降。由于受季节影响，枯水期（1—5 月）地下水位持续下降，至 2013 年 5 月 26 日，G2♯和 G3♯观测孔地下水位降至最低。在丰水期（6—8 月），随着降雨量和降水次数的增多，地下水位慢慢回升，2013 年 7 月 21 日 G2♯和 G3♯观测孔地下水水位达到最高。

（2）潘集沉陷区各观测孔水位研究

在 2012 年 9 月 25 日至 2013 年 9 月 1 日之间，在潘集区后湖生态园和潘北路两侧所选择的两种典型沉陷水域范围内布置了 13 个简易水位观测孔，先后进行了 16 次观测（其中 2012 年 10 月与 2013 年 6 月观测加密），其结果见表 4-7。图 4-16 和图 4-17 为 13 个观测孔的水位历时变化曲线。其中，P1♯、P2♯、P3♯、P7♯、P8♯和 P11♯随着时间的推移水位变化较显著，起伏较大，而 P4♯、P6♯、P9♯、P12♯、P14♯、P15♯和 P16♯观测孔水位变化较平缓。

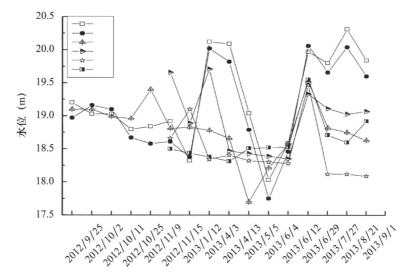

图 4-16　P1♯、P2♯、P3♯、P7♯、P8♯和 P11♯观测孔水位历时曲线

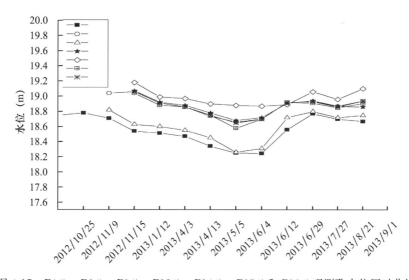

图 4-17　P4♯、P6♯、P9♯、P12♯、P14♯、P15♯和 P16♯观测孔水位历时曲线

另外，两种类型的沉陷区观测孔均布置在第四系松散层上部第一个含水层，岩性结构可分为两层：上部为黏土层，一般为 6～8m，下部为粉砂-细砂层。黏土层相对下部的粉-细砂层比较厚，在观测期内各观测孔最低水位均高于其含水层（粉砂层）顶板标

高，浅层地下水含水层具有一定的承压性，因此为承压含水层。

表 4-7　沉陷区各观测孔水位动态观测值　　　　　　　　　　　单位：m

观测孔	12/9/25	12/10/2	12/10/11	12/10/25	12/11/9	12/11/15	13/1/12	13/4/3	13/4/13	13/5/5	13/6/4	13/6/12	13/6/29	13/7/27	13/8/21	13/9/1
P1#	19.2	19.03	19.03	18.8	18.84	18.92	18.32	20.12	20.09	19.04	18.03	18.59	19.97	19.8	20.31	19.84
P2#	18.97	19.16	19.1	18.67	18.58	18.61	18.38	20.02	19.82	18.79	17.75	18.46	20.06	19.66	20.04	19.6
P3#	19.1	19.1	18.99	18.96	19.4	18.81	18.83	18.78	18.66	17.7	18.21	18.58	19.52	18.82	18.75	18.63
P4#				18.75	18.78	18.71	18.54	18.51	18.47	18.34	18.25	18.245	18.56	18.77	18.7	18.67
P6#						19.04	19.06	18.91	18.86	18.74	18.66	18.7	18.92	18.93	18.87	18.94
P7#						19.66	18.89	19.71	18.47	18.43	18.39	18.35	19.33	19.11	19.03	19.07
P8#						18.66	19.1	18.34	18.41	18.32	18.3	18.28	19.47	18.12	18.12	18.09
P9#						18.82	18.63	18.6	18.55	18.45	18.26	18.31	18.5	18.72	18.72	18.75
P11#						18.5	18.44	18.38	18.31	18.51	18.52	18.53	19.55	18.71	18.6	18.92
P12#							19.07	18.92	18.8	18.78	18.68	18.72	18.91	18.94	18.87	18.86
P14#							19.18	18.99	18.97	18.9	18.88	18.87	18.89	19.06	18.96	19.1
P15#							19.037	18.88	18.86	18.75	18.58	18.7	18.7	18.91	18.85	18.905
P16#							19.06	18.91	18.86	18.75	18.65	18.7	18.92	18.93	18.86	18.94

4.2　地表水与浅层地下水转化

4.2.1　有限单元法

有限单元法的基础是用有限个单元的集合体代替渗流区，其分析过程一般包括下列几个步骤[①]：

（1）离散化含水层系统。将求解区域剖分为有限个单元，用有限个网格点代替连续的求解区域，对于非稳定流还必须对求解区域进行时间离散。

（2）选择某种函数来表示单元内的水头分布。一般采用多项式插值，必要时也可采用对数插值，最简单也是最常用的是线性多项式，即线性插值。

（3）用变分原理推导有限单元方程，建立单元渗透矩阵。

（4）集合形成整个离散化的连续体的代数方程组。各个单元的渗透矩阵这时集合形成整个渗流区的总渗透矩阵 $[A]$。代数方程组的形成为：

$$[A]\ \{H\}=\{F\}$$

式中，$\{H\}$ 为渗流区水头的列矢量，即 $\{H\}=[H1,\ H2,\ \cdots\cdots,\ Hn]^T$，$n$ 为内节点和第二类边界上的节点数（即未知节点数），$\{F\}$ 为已知项组成的列矢量，即 $\{F\}=[F1,\ F2,\ \cdots\cdots,\ Fn]^T$。

（5）求解各节点的未知水头。

（6）由节点水头计算出流量。

有限单元法对第二、第三类边界不必作专门处理，能够自动满足，因而便于处理复杂的边界条件。

4.2.2 计算流程

利用 VB 语言对建立的地下水运动数学模型进行求解，并计算出不同时间沉陷区地表水与地下水的转化量，程序流程见图 4-18。

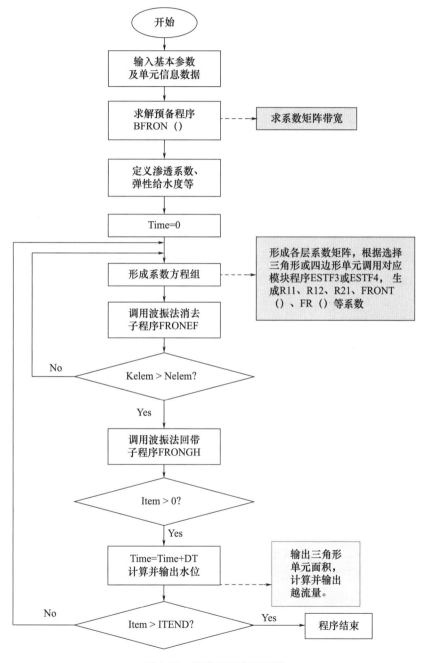

图 4-18 越流量程序流程图

注：Time 为时间变量，DT 为时间步长，Kelem 为单元变量，Item 为水位推算变量。

4.2.3 单元分区

1. 封闭式沉陷区

封闭式沉陷区进行网格剖分，分为 226 个网格点和 385 个单元，用 226 个网格点代替整个封闭式沉陷区，由于属非稳定流运动，则需要对沉陷区域进行离散（图 4-19）。

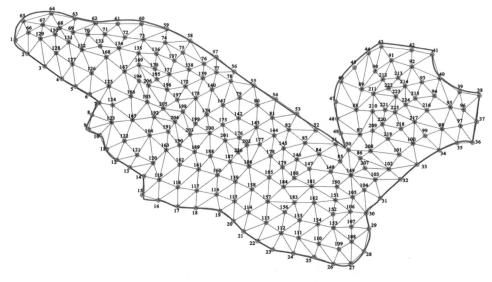

图 4-19　封闭式沉陷区单元分区

2. 开放式沉陷区

对开放式沉陷区进行网格剖分，可分为 151 个网格点和 247 个单元，用 151 个网格点代替整个开放式沉陷区，由于属非稳定流运动，则需要对沉陷区域进行离散（图 4-20）。

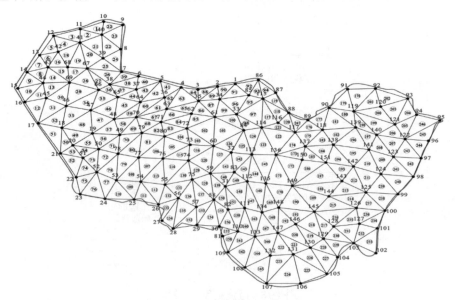

图 4-20　开放式沉陷区单元分区

4.2.4　参数赋值

1. 封闭式沉陷区

对封闭式沉陷区进行三角形网格剖分，各网格点数据见附表1。

2. 开放式沉陷区

对开放式沉陷区进行三角形网格剖分，各网格点数据见附表2。

4.2.5　封闭式沉陷区地表水和浅层地下水量转化

图 4-21 至图 4-30 为封闭式沉陷区地表水和浅层地下水在观测时段地下水流场。

面积 $S = 2.1354115189365 \mathrm{km}^2$，上层沉陷塘水头 $H_1 = 19.0 \mathrm{m}$，以 2013 年 1 月 12 日的各点水位作为初始水位，越流量为 $Q_{f总} = 334.999 \mathrm{m}^3/\mathrm{d}$，单位面积平均越流量 $Q_{f平} = 1.569 \times 10^{-4} \mathrm{m}^3/\mathrm{d}$，说明该时刻承压含水层水位平均高于上层塌陷塘水位，承压含水层补给上层塌陷塘水，但补给量较小。

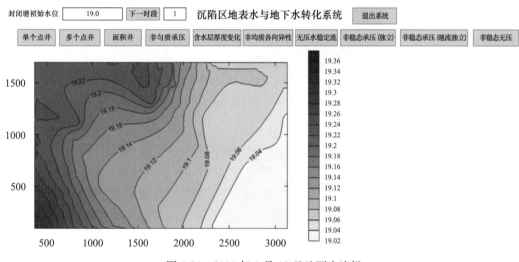

图 4-21　2013 年 1 月 12 日地下水流场

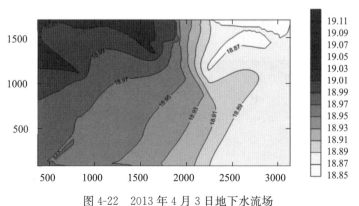

图 4-22　2013 年 4 月 3 日地下水流场

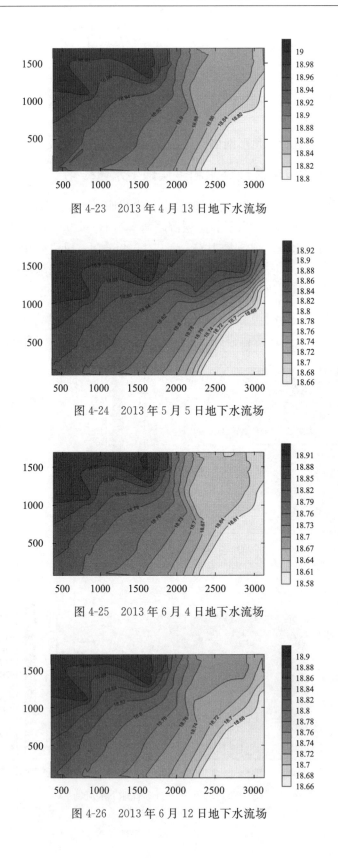

图 4-23　2013 年 4 月 13 日地下水流场

图 4-24　2013 年 5 月 5 日地下水流场

图 4-25　2013 年 6 月 4 日地下水流场

图 4-26　2013 年 6 月 12 日地下水流场

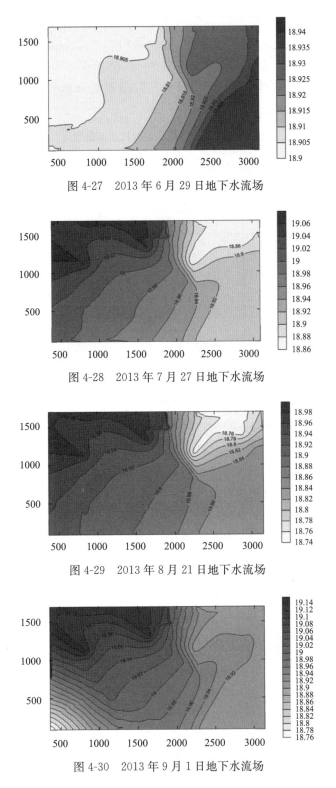

图 4-27　2013 年 6 月 29 日地下水流场

图 4-28　2013 年 7 月 27 日地下水流场

图 4-29　2013 年 8 月 21 日地下水流场

图 4-30　2013 年 9 月 1 日地下水流场

　　由表 4-8 可知，2013 年 1 月 12 日至 9 月 1 日，封闭式沉陷区地表水与浅层地下水之间的关系为浅层地下水补给地表水，补给量较小。2013 年 3—5 月为平水期，越流量

为 $2.288\times10^{-4}\sim2.571\times10^{-4}$ m³/d；5—9 月为雨季，6—8 月为汛期，常出现较大暴雨。此时，地下水补给地表水的水量为 $1.3968\times10^{-4}\sim2.477\times10^{-4}$ m³/d，7 月和 8 月末降雨最多，地下水补给地表水的水量分别为 1.788×10^{-4} 和 1.3968×10^{-4} m³/d，相对平水期越流量减小，说明季节、降雨量及蒸发量对地表水与地下水的转化量都有影响，其中降雨量影响较大。

表 4-8　封闭式沉陷区各时段越流量统计

时间	越流量（m³/d）	沉陷区面积（m²）	单位面积平均越流量（m³/d）	补给情况
2013/1/12 至 4/3	334.999	2135411.5185	1.569×10^{-4}	地下水补给地表水
2013/4/3 至 4/13	488.492	2135411.5185	2.288×10^{-4}	地下水补给地表水
2013/4/13 至 5/5	549.059	2135411.5185	2.571×10^{-4}	地下水补给地表水
2013/5/5 至 6/4	514.386	2135411.5185	2.409×10^{-4}	地下水补给地表水
2013/6/4 至 6/12	528.947	2135411.5185	2.477×10^{-4}	地下水补给地表水
2013/6/12 至 6/29	474.801	2135411.5185	2.223×10^{-4}	地下水补给地表水
2013/6/29 至 7/27	381.845	2135411.5185	1.788×10^{-4}	地下水补给地表水
2013/7/27 至 8/21	462.269	2135411.5185	2.165×10^{-4}	地下水补给地表水
2013/8/21 至 9/1	298.166	2135411.5185	1.3968×10^{-4}	地下水补给地表水

4.2.6　开放式沉陷区地表水和浅层地下水量转化

开放式沉陷区面积 $S=6.5562045781km^2$，以 2012 年 9 月 25 日的各点水位作为初始水位，上层沉陷塘初始水头 $H_1=19.1m$，初始时刻越流量为 $Q_{k总}=53750.69m^3/d$，单位面积平均越流量 $Q_{k平}=0.0081198m^3/d$，则该时刻承压含水层平均水位高于上层沉陷区水位，承压含水层通过越流补给沉陷区地表水位且补给量较小，但是由于该沉陷区附近有河流经过，河流对沉陷区地表水位的影响较大，地表水与地下水交换量相对于封闭式沉陷区要大（图 4-31～图 4-46，表 4-9）。

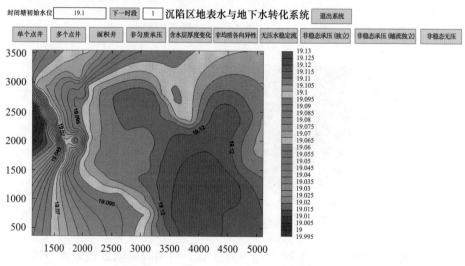

图 4-31　2012 年 9 月 25 日地下水流场

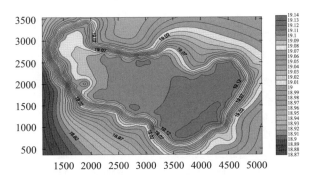

图 4-32　2012 年 10 月 2 日地下水流场

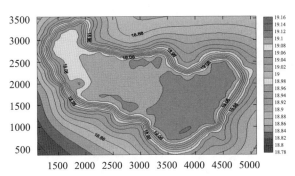

图 4-33　2012 年 10 月 11 日地下水流场

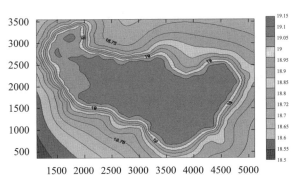

图 4-34　2012 年 10 月 25 日地下水流场

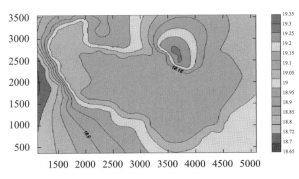

图 4-35　2012 年 11 月 9 日地下水流场

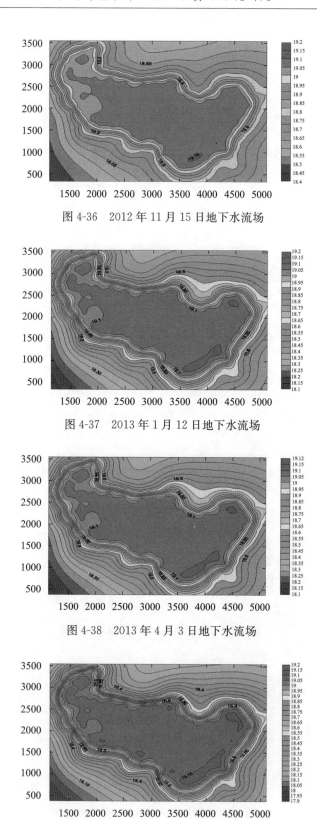

图 4-36　2012 年 11 月 15 日地下水流场

图 4-37　2013 年 1 月 12 日地下水流场

图 4-38　2013 年 4 月 3 日地下水流场

图 4-39　2013 年 4 月 13 日地下水流场

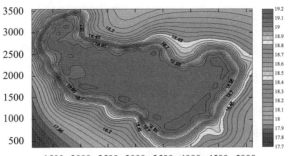

图 4-40 2013 年 5 月 5 日地下水流场

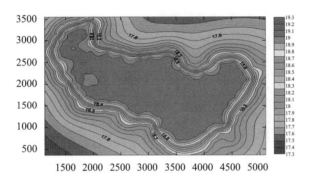

图 4-41 2013 年 6 月 4 日地下水流场

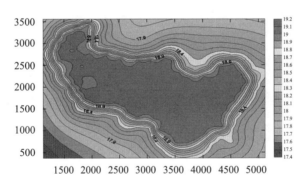

图 4-42 2013 年 6 月 12 日地下水流场

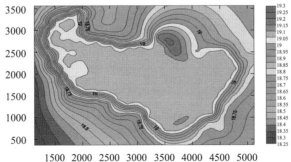

图 4-43 2013 年 6 月 29 日地下水流场

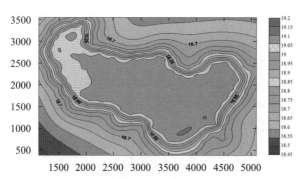

图 4-44 2013 年 7 月 27 日地下水流场

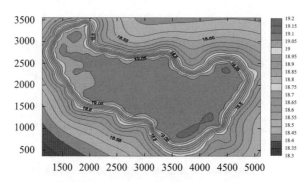

图 4-45 2013 年 8 月 21 日地下水流场

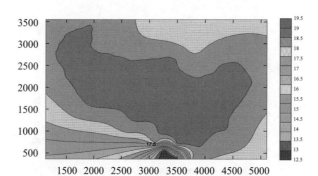

图 4-46 2013 年 9 月 1 日地下水流场

表 4-9 开放式沉陷区各时段越流量统计

时间	越流量（m³/d）	沉陷区面积（m²）	单位面积平均越流量（m³/d）	补给情况
2012/9/25 至 10/2	53750.69	6556204.578	8.1198×10^{-3}	地下水补给地表水
2012/10/2 至 10/11	−30993.80	6556204.578	-4.727×10^{-3}	地表水补给地下水
2012/10/11 至 10/25	43238.80	6556204.578	6.595×10^{-3}	地下水补给地表水
2012/10/25 至 11/9	9487.00	6556204.578	1.447×10^{-3}	地下水补给地表水
2012/11/9 至 11/15	−3068.39	6556204.578	-4.68×10^{-3}	地表水补给地下水
2012/11/15 至 1/12	7446.91	6556204.578	1.136×10^{-3}	地下水补给地表水

时间	越流量（m³/d）	沉陷区面积（m²）	单位面积平均越流量（m³/d）	补给情况
2013/1/12 至 4/3	11238.06	6556204.578	1.714×10^{-3}	地下水补给地表水
2013/4/3 至 4/13	19441.74	6556204.578	2.965×10^{-3}	地下水补给地表水
2013/4/13 至 5/5	26111.89	6556204.578	3.983×10^{-3}	地下水补给地表水
2013/5/5 至 6/4	23139.55	6556204.578	3.529×10^{-3}	地下水补给地表水
2013/6/4 至 6/12	42376.07	6556204.578	6.464×10^{-3}	地下水补给地表水
2013/6/12 至 6/29	35319.90	6556204.578	5.387×10^{-3}	地下水补给地表水
2013/6/29 至 7/27	6755.13	6556204.578	1.03×10^{-3}	地下水补给地表水
2013/7/27 至 8/21	23226.27	6556204.578	3.543×10^{-3}	地下水补给地表水
2013/8/21 至 9/1	2026.74	6556204.578	3.091×10^{-4}	地下水补给地表水

对于开放式沉陷水域，地表水与地下水之间的转化关系较为复杂，沉陷区地表水由于受到泥河水位的影响，与泥河之间发生联系（大多为沉陷区地表水补给泥河），地表水位变化较大，且2012年9月至2013年9月，该沉陷水域多次被农业灌溉以及鱼塘捕鱼疏干，区内地表水受到人为影响较为严重。

淮南地区夏季雨水最多，占年降水量的50%，每年5—9月为雨季，其中，6—7月为梅雨期，6—8月为汛期（通常出现暴雨），2013年7月和8月末降雨最多，地下水补给地表水的水量分别为 1.03×10^{-3} m³/d 和 3.091×10^{-4} m³/d，地表水与地下水之间的转化量相对减小。

4.3 结果讨论

1. 研究区位于淮河冲洪积平原，通过在选择的典型沉陷区设置观测孔和水文地质断面，可以得出：

（1）研究区的主要岩性以粉砂和黏土为主，其中黏土层透水性弱，为弱透水结构；由粉砂、细砂组成渗透性较大的含水层，导水性强，为微承压含水层结构；垂向上，各层位的粒径由上至下，从砂质黏土到细粉砂层，其透水性也逐渐增强。

（2）研究区地下水的补给主要是降水补给，通过黏土组成的弱透水层补给细砂强透水层。此外，细砂层的地下水接受来自深层地下水的补给，在不同地段和不同月份，开放式沉陷水域还接受来自河流的补给。排泄方式主要包括蒸发、居民取水以及向河流的排泄，地下水流向为北西流向南东。

2. 通过粒度分析可以得出：浅层地下水含水层中土粒度以粗砂、中砂为主，夹杂着少量粉粒和极细砂粒，开放式和封闭式沉陷区的浅层地下水含水层岩性相似，在垂向分布上，由地表至浅层地下水含水层，土粒度呈现增大趋势，中间略有波动，同时也伴随着颗粒比表面积的波动和减小。

3. 研究区黏质土的渗透系数较小，一般为 $10^{-8} \sim 10^{-6}$ cm/s，而粉质土或者砂的渗透系数较大，$10^{-6} \sim 10^{-3}$ cm/s。

4. 通过顾桥、顾北矿沉陷区水位观测数据可以得出：降雨与蒸发是影响观测孔地下水位变化的重要影响因素。结合降水和蒸发资料，较强降水后测孔水位均会大幅度提升，此后由于蒸发再慢慢降低。受季节影响，枯水期（1—5月）地下水位持续下降，丰水期（6—8月）随着降雨量的增加、降水次数的增多地下水位慢慢回升。由潘集的人工观测孔水位观测数据可以得出：研究区观测期内各观测孔最低水位均高于其含水层（粉砂层）顶板标高，浅层地下水含水层具有承压性，因此浅层地下水可概化为承压含水层。

5. 图 4-47 和图 4-48 为计算时间内两种沉陷区越流量随时间变化的面积图（正值表示地下水补给地表水，负值表示地表水补给地下水）。

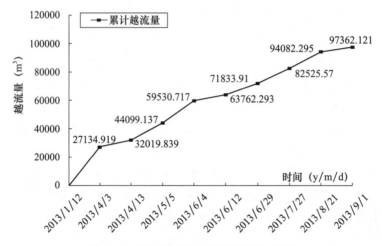

图 4-47　封闭式沉陷区总越流量历时曲线

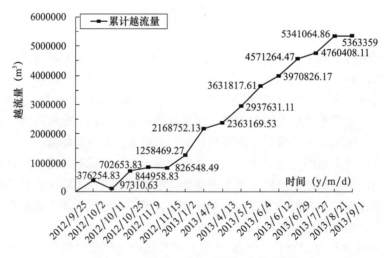

图 4-48　开放式沉陷区总越流量历时曲线

由图 4-47 所示，封闭式沉陷水域与地下水之间的关系为地下水补给地表水，从 2013 年 1 月 12 日至 2013 年 9 月 1 日，该沉陷区域地下水补给地表水的总量为 97362.12m³。而图 4-48 中，开放式沉陷区地表水与地下水的转化较为复杂，既有地表水补给地下水，又有地下水补给地表水。从 2012 年 9 月 25 日至 2013 年 9 月 1 日，开放式沉陷区总体以地下水补给地下水为主，总量为 5363359m^3。

综上所述，封闭式沉陷水域与地下水之间的关系为地下水补给地表水，补给量较小，丰水期降雨增多，越流量减小，降雨量及蒸发量对地表水与地下水的转化量影响较大。开放式沉陷区受到周边河流（泥河）、人为因素（农业灌溉与鱼塘捕鱼等）以及降雨量、蒸发量的综合影响，地表水与地下水之间的补给或排泄量呈现多样性，但降雨最多的是 7 月。两种类型的沉陷区，地表水与地下水的转化相对缓慢，越流量相对较小。

5　地表水与浅层地下水水质特征研究

通过现场调查，观测水位变化并建立模型，深入研究了两种采煤沉陷区地表水与浅层地下水的补给关系和转化量，在观测水位变化的同时进行了地表水和浅层地下水的水质监测，监测指标主要包括常规无机离子、有机类、营养盐类指标，通过分析这些指标的变化来研究两种沉陷区地表水和浅层地下水的水质变化特征，从而探讨两者水质之间的关系和影响因素。

5.1　地表水与浅层地下水水质评价

目前，淮南并未对矿区沉陷区域的水体做出明确的环境质量功能区划分，而研究区域内的泥河被划为Ⅳ类水体，鉴于沉陷区水的主要功能为渔业养殖和农田灌溉，周边土地利用类型主要为农田，类比淮北市的沉陷区水体功能区划分办法，将研究区域的地表水体和地下水体均按照Ⅳ类水标准进行水质评价等研究。

目前经典的水质评价方法有单因子[98]、模糊聚类[99]、内梅罗指数[100]、有机污染评价[101]等评价方法。单因子评价法以单因子指数为基本单元，按照最差单因子指数指标来评价水质，单因子评价简单、方便易行，在对水质评价要求不高或污染物浓度不大的情况时可以使用，这种方法在环境质量评价的初期应用较多；内梅罗指数的计算实质上是由水中污染物的相对污染值中的最大值和均值决定的，方法强调和放大了较差的评价因子，使评价的污染状况偏重；由于水环境污染程度与水质分级相互联系并存在模糊性，而水质变化又是连续的，模糊数学法在理论上可行，可弥补上述方法的不足，模糊数学法的关键是构造隶属函数或矩阵以及权重矩阵，此法发展得较成熟，评价结果切合实际，不失为较佳选择，适于作深入的水质研究[102-103]；有机污染评价是水体有机污染防治的重要依据，是与水体污染程度和感官表征相适应的一种水质评价方法，其结果能很好地反映水体有机污染程度。

根据研究区的水体特征，本研究采用单因子指数评价、模糊数学评价、内梅罗综合污染指数评价和有机污染评价等方法对两种类型沉陷区的地表水和地下水进行综合水质评价。

5.1.1　单因子指数评价

使用单项指数法进行水环境质量评价时，需要确定评价对象水体的水域环境功能，以确定计算时运用的数据属于几级标准，项目评价区域主要为农业区，地表水选取地表水环境质量标准中的Ⅳ类标准，地下水选取地下水环境质量标准中Ⅳ标准。

单因子评价选取评价区域各监测点的均值作为评价依据，分别对 2012 年 11 月、2013 年 1 月、2013 年 4 月、2013 年 5 月、2013 年 6 月、2013 年 7 月、2013 年 8 月、

2013年9月各次区域监测的各指标均值进行单因子评价。

地表水评价因子选取氟化物（F）、化学需氧量（COD_{Cr}）、高锰酸盐指数（COD_{Mn}）、生化需氧量（BOD_5）、氨氮（$NH_3\text{-}N$）、总氮（TN）、总磷（TP）、溶解氧（DO）、pH；地下水评价因子选取取氟化物（F）、氨氮（$NH_3\text{-}N$）、硝酸盐氮（$NO_3\text{-}N$）、亚硝酸盐氮（$NO_2\text{-}N$）、总溶解性固体（TDS）、pH值。

研究区域地下水质单因子水质评价选取 F、TDS、$NH_3\text{-}N$、$NO_2\text{-}N$、$NO_3\text{-}N$、pH 等评价因子。

评价结果见表5-1～表5-4。

表 5-1　开放式沉陷区地表水水质单因子评价结果

时间	F	COD_{Cr}	COD_{Mn}	BOD_5	$NH_3\text{-}N$	TN	TP	DO	pH	水质类别
2012.11.15	I	IV	IV	I	III	—	II	I	I	IV
2013.01.11	I	I	III	—	II	V	II	—	I	V
2013.04.13	I	IV	IV	I	II	IV	II	II	I	IV
2013.05.05	I	III	IV	I	III	IV	II	III	I	IV
2013.06.12	I	IV	IV	II	II	V	II	III	I	V
2013.06.29	I	IV	IV	II	III	IV	II	II	I	IV
2013.07.27	I	IV	IV	II	III	II	II	I	I	IV
2013.08.21	I	V	IV	I	III	IV	II	I	I	V
2013.09.05	I	V	IV	I	II	V	II	III	I	V

注："—"表示无数据

表 5-2　封闭式沉陷区地表水水质单因子评价结果

时间	F	COD_{Cr}	COD_{Mn}	BOD_5	$NH_3\text{-}N$	TN	TP	DO	pH	水质类别
2013.01.11	I	III	III	—	II	V	I	—	I	V
2013.04.13	I	IV	IV	I	II	IV	II	I	I	IV
2013.05.05	I	IV	IV	I	II	IV	III	I	I	IV
2013.06.12	I	IV	IV	II	II	II	II	III	I	IV
2013.06.29	I	IV	IV	II	III	IV	II	I	I	IV
2013.07.27	I	II	IV	II	II	II	I	I	I	IV
2013.08.21	I	V	IV	I	II	IV	III	III	I	V
2013.09.05	I	V	IV	I	II	IV	II	III	I	V

注："—"表示无数据

表 5-3　开放式沉陷区地下水水质单因子评价结果

时间	F	TDS	$NH_3\text{-}N$	$NO_2\text{-}N$	$NO_3\text{-}N$	pH	水质类别
2012.11.15	I	—	V	IV	I	—	V
2013.01.11	I	III	V	II	I	I	V
2013.04.13	I	III	IV	IV	I	I	IV
2013.05.05	I	III	V	IV	I	I	V

续表

时间	F	TDS	NH₃-N	NO₂-N	NO₃-N	pH	水质类别
2013.06.12	Ⅰ	Ⅲ	Ⅳ	Ⅳ	Ⅰ	Ⅰ	Ⅳ
2013.06.29	Ⅰ	Ⅲ	Ⅳ	Ⅳ	Ⅰ	Ⅰ	Ⅳ
2013.07.27	Ⅰ	Ⅱ	Ⅴ	Ⅲ	Ⅰ	Ⅰ	Ⅴ
2013.08.21	Ⅰ	Ⅱ	Ⅳ	Ⅲ	Ⅰ	Ⅰ	Ⅳ
2013.09.05	Ⅰ	Ⅱ	Ⅳ	Ⅳ	Ⅰ	Ⅰ	Ⅳ

表 5-4　封闭式沉陷区地下水水质单因子评价结果

时间	F	TDS	NH₃-N	NO₂-N	NO₃-N	pH	水质类别
2012.11.15	—	—	—	—	—	—	—
2013.01.11	Ⅰ	Ⅲ	Ⅳ	Ⅱ	Ⅰ	Ⅰ	Ⅲ
2013.04.13	Ⅰ	Ⅲ	Ⅳ	Ⅳ	Ⅰ	Ⅰ	Ⅳ
2013.05.05	Ⅰ	Ⅲ	Ⅴ	Ⅳ	Ⅰ	Ⅰ	Ⅴ
2013.06.12	Ⅰ	Ⅲ	Ⅲ	Ⅳ	Ⅰ	Ⅰ	Ⅳ
2013.06.29	Ⅰ	Ⅲ	Ⅳ	Ⅳ	Ⅰ	Ⅰ	Ⅳ
2013.07.27	Ⅰ	Ⅲ	Ⅳ	Ⅲ	Ⅰ	Ⅰ	Ⅳ
2013.08.21	Ⅰ	Ⅲ	Ⅳ	Ⅲ	Ⅰ	Ⅰ	Ⅳ
2013.09.05	Ⅰ	Ⅲ	Ⅳ	Ⅳ	Ⅰ	Ⅰ	Ⅳ

　　影响研究区域水体水质的因素是多方面的，各方面之间也存在一定的联系，现就单因子评价选取的各个评价指标的相关结果进行分析评价。

1. 常规无机指标

　　研究区域中开放式、封闭式地表水 pH 各次的监测均值变化范围分别为 8.02～8.56、8.01～8.59，水体总体偏碱性。开放式、封闭式地下水 pH 各次的监测均值变化范围分别为 7.16～7.76、7.17～7.66，水体总体呈弱碱性。地表水与地下水 pH 均在丰水期出现一定程度的下降，枯水期 pH 较丰水期略高。同类型的山东兴隆庄采煤塌陷区，地表水 pH 为 7.99～8.68，地下水 pH 为 7.0～7.8[104]。可见研究区域与同类型的水体在 pH 方面呈现的特征是相似的，均呈现出偏碱性，且地表水 pH 高于地下水。然而与研究区域相似的自然湖泊 pH 却为 6.87～6.93，比研究区域水体 pH 低，主要原因是自然湖泊沉积相多，富营养化导致水生植物稠密，水生植物死亡、腐烂，不及时打捞可导致水体 pH 较低。研究区域水体形成时间不长，水体浅，溶氧丰富，水体底部沉积相对较少，导致较富营养化的自然湖泊 pH 值要高[105]。

　　研究区域中开放式、封闭式地表水 DO 各次的监测均值变化范围分别为 4.76～10.23mg/L、5.20～9.60mg/L。这表明水体溶解氧比较丰富，但季节变化大，以枯水期居高，丰水期较低。开放式、封闭式地表水水体 DO 单因子评价结果均为Ⅳ、Ⅲ以上，且Ⅲ类结果居多。

　　在监测时段内研究区域开放式、封闭式地表水水体中 F 各次监测均值分别为 0.217～0.579mg/L、0.235～0.550mg/L，水体中 F 在监测时段内变化波动较小。开放式、封闭式地下水水体中 F 各次监测均值分别为 0.095～0.389mg/L、0.080～0.298mg/L。地表水、地下水水体中 F 在监测时段内变化波动较小，F 单因子评价结果均为 I 类水质。开放式地表水 F 含量要高于封闭式地表水含量，开放式地下水 F 含量要高于封闭式地下水含量，研究区域地表、地下水体在丰水期 F 含量要低于其他时期，说明 F 主要来源于地表，并且降水会对 F 产生明显的影响。萤石等工业原料的使用、氟化肼和含氟煤等燃料的燃烧是氟的主要来源，与研究区域类似的还有山东兴隆庄采煤塌陷区也呈现地表水 F 含量明显高于地下水的特征，可见，煤矿开采与煤燃烧等可能伴随着 F 的释放[106-109]。

2. 有机指标

开放式、封闭式地表水水体中 COD_{Mn} 各次监测均值分别为 5.07～8.14mg/L、5.19～8.18mg/L，地表水水体水质 COD_{Mn} 单因子评价结果均为 IV 类以上。其中在枯水期开放式、封闭式地表水 COD_{Mn} 均值在 6mg/L 左右；在丰水期，开放式、封闭式地表水 COD_{Mn} 均值在 7mg/L 左右，枯水期 COD_{Mn} 值较低，丰水期 COD_{Mn} 值较高。由于丰水期降水较多，地表形成较明显的地表径流，水体周围的农业面源污染随径流汇入研究区域的地表水体，水体中 COD_{Mn} 来源主要是面源汇入，而不是内源释放。

研究区域在监测时段内开放式、封闭式地表水水体中 BOD_5 各次监测均值分别为 1.46～1.80mg/L、1.47～1.87mg/L，水体中 BOD_5 值在监测时段内变化波动较小。水体 BOD_5 单因子评价均属于 I 类区。

开放式地表水 COD_{Cr} 各次监测均值为 14.66～48.52mg/L、封闭式地表水 COD_{Cr} 各次监测均值为 17.60～48.35mg/L。开放式地表水 COD_{Cr} 单因子评价结果为 I～V 类，其中 V 类水质主要出现在丰水期，封闭式地表水 COD_{Cr} 单因子评价结果为 III～V 类，其中 V 类水质也主要出现在丰水期，总体上地表水在丰水期呈现出 COD_{Cr} 较高的特征。

研究区域开放式、封闭式地表水水体中 NH_3-N 各次监测均值分别为 0.337～0.621mg/L、0.300～0.813mg/L，开放式、封闭式地下水水体中 NH_3-N 各次监测均值分别为 0.282～1.450mg/L、0.228～1.207mg/L，地表水 NH_3-N 单因子评价结果均为 II—III 类水质。

3. 氮磷指标

研究区域开放式、封闭式地表水 TP 各次监测均值分别为 0.021～0.114mg/L、0.018～0.197mg/L，开放式地表水 TP 单因子评价结果均为 II～III 类水质，其中仅有 2013 年 8 月份达到 III 类水质限值，封闭式地表水 TP 单因子评价结果均为I～III 类水质，其中III类水质主要出现在丰水期。与研究区域水体相似的太湖水体总磷含量在 0.1～0.3mg/L[110-112]，可见研究区域水体相对富营养化程度明显的太湖水体总磷含量较低。研究区域的土地利用主要为农田和村庄，农田施用化肥和农村含磷生活污水排放是研究区域水体总磷的主要来源。相对太湖等自然湖泊，研究区域水体汇水面积小，附近的人口搬迁导致收纳附近农村生活污水量也减小，所以研究区域水体中总磷的含量较低。

研究区域开放式、封闭式地表水 TN 各次监测均值分别为 0.981～2.294mg/L、1.047～2.261mg/L，所属水质类别分别为 III～V、IV～V。其中在枯水期水体中 TN 含量要高于其他时期。与研究区域同类型的山东兴隆庄采煤塌陷区水体中 TN 含量在 0.69～1.69mg/L，与之相比，研究区域的 TN 含量是偏高的，综合比较研究区域的其他水质监测因子，TN 为地表水体的特征污染物。与研究区域水体类似的自然湖泊太湖在 2002—2006 年这 5 年间 TN 平均值为 2.344mg/L[113]，研究区域的地表水体中的 TN 含量相对要低，为防止出现较严重的富营养化现象，TN 是要控制的重要特征污染物[114]。

4. 综合分析

就单因子评价的各个评价因子看，研究区域水体的水体总氮含量较高，虽然总氮是水体营养化的重要指征，但相比其他的自然富营养化严重的湖泊，研究区域水体的总磷含量相对较少，这也是研究区域总氮含量高却没有出现水体富营养化特征的重要原因，其中磷成为限制性污染因子。

研究区域水体水质单因子评价的最终结果由评价因子中最差水质评价等级决定，对于开放式地表水、封闭式地表水、开放式地下水、封闭式地下水的评价结果，除了对各个因子单独分析，还需要对各评价因子进行综合分析。

根据开放式地表水水质单因子评价结果可以看出开放式地表水水质单因子评价结果为Ⅳ～Ⅴ类水质，F、BOD_5、NH_3-N、TP、pH 等评价因子对水质评价结果影响较小，主要影响水质的评价因子是 COD_{Cr}、COD_{Mn}、DO、TN 等，其中 COD_{Cr} 和 TN 均出现了最差评价等级，达到了Ⅴ类，开放式地表水出现了水体污染，其特征污染物为 COD_{Cr} 和 TN。由于水体周边为农业用地，均为农田和村庄，污染物的来源是附近的农业面源污染和农村生活污水的排放。

由封闭式地表水水质单因子评价结果汇总表可以看出，封闭式地表水水质单因子评价结果为Ⅳ～Ⅴ类水质。F、BOD_5、NH_3-N、TP、DO、pH 等评价因子对评价结果影响较小，主要影响水质的因子是 COD_{Cr}、COD_{Mn}、TN 等，其中 COD_{Cr} 和 TN 影响较大，呈现特征污染物的特点，达到了Ⅴ类水质限值。与开放式地表水相同，污染物的来源可能是附近的农业和农村面源污染[115-119]。

由开放式地下水水质单因子评价结果可以看出，开放式地下水在监测时段内的评价结果均为Ⅳ～Ⅴ类水质，从评价的过程看，影响水质的主要因子为 NH_3-N。

封闭式地下水水质单因子评价结果显示，封闭式地下水水质评价因子中 NH_3-N 在监测时段内出现达到Ⅴ类地下水水质限值的情况，但其他评价因子均能达到地下水Ⅳ类水质限值要求。

结合开放式和封闭式地下水水质评价因子看，NH_3-N 为地下水特征污染物。由于地下水中 pH 低于地表水中的 pH，pH 较低时氨以离子态存在，易存留。地表水中溶氧也要高于地下水中的溶氧，在缺氧条件的地下水中，受生物作用，亚硝酸盐、硝酸盐反硝化易转化为 NH_3-N。所以研究区域地下水中的氨氮含量偏高于地表水中的氨氮[120-122]。

5.1.2 水质综合评价

1. 地表水水质评价

评价区域地表水水质应选取氟化物（F）、化学需氧量（COD_{Cr}）、高锰酸盐指数（COD_{Mn}）、生化需氧量（BOD_5）、氨氮（NH_3-N）、总氮（TN）、总磷（TP）等 7 个指标作为评价因子，评价使用不同时间的监测均值，对不同时间区域地表水使用模糊数学方法进行水质类别的评价。

由表5-5可知：开放式沉陷区地表水区域监测时段内水质均隶属为Ⅳ～Ⅴ类水质，2012年11月及2013年1月、6月、9月开放式地表水水质隶属类别为Ⅴ类，其他月份开放式地表水水质隶属类别均为Ⅲ～Ⅳ类。评价区域为地表水Ⅳ水质功能区，监测时段内水质超标率为44.4%，评价区域内开放式地表水在监测时段内大部分时间未达到Ⅳ类水体水质功能要求，特征污染物为TN。

表5-5　开放式沉陷区地表水模糊数学评价结果

时间	Ⅰ	Ⅱ	Ⅲ	Ⅳ	Ⅴ	隶属类别
2012.11.15	0.122	0.099	0.192	0.192	0.377	Ⅴ
2013.01.11	0.133	0.149	0.18	0.158	0.429	Ⅴ
2013.04.13	0.145	0.080	0.231	0.308	0.000	Ⅳ
2013.05.05	0.124	0.144	0.219	0.217	0.000	Ⅲ
2013.06.12	0.097	0.074	0.185	0.185	0.361	Ⅴ
2013.06.29	0.090	0.125	0.237	0.237	0.000	Ⅲ
2013.07.27	0.082	0.107	0.228	0.228	0.000	Ⅲ
2013.08.21	0.066	0.107	0.239	0.274	0.274	Ⅳ
2013.09.05	0.052	0.08	0.185	0.246	0.341	Ⅴ

由表5-6可见，评价区域封闭式沉陷区地表水在监测时段内水质为Ⅲ～Ⅴ类，2013年1月、6月、9月模糊数学评价出现了Ⅴ类水质情况。评价区域地表水水体功能区划为Ⅳ类水质功能区，监测时段内水质监测超标率为37.5%。从模糊数学评价过程看，评价区域地表水水体特征污染物为TN。

表5-6　封闭式沉陷区地表水模糊数学评价结果

时间	Ⅰ	Ⅱ	Ⅲ	Ⅳ	Ⅴ	隶属类别
2013.01.11	0.076	0.151	0.162	0.100	0.448	Ⅴ
2013.04.13	0.145	0.092	0.192	0.318	0.000	Ⅳ
2013.05.05	0.121	0.076	0.314	0.194	0.000	Ⅲ
2013.06.12	0.110	0.080	0.196	0.309	0.346	Ⅴ
2013.06.29	0.091	0.141	0.216	0.216	0.000	Ⅲ
2013.07.27	0.084	0.172	0.211	0.213	0.000	Ⅳ
2013.08.21	0.076	0.102	0.227	0.275	0.275	Ⅳ
2013.09.05	0.067	0.067	0.185	0.252	0.337	Ⅴ

2. 地下水水质评价

地下水评价因子选取取氟化物（F）、氨氮（NH_3-N）、硝酸盐氮（NO_3-N）、亚硝酸盐氮（NO_2-N）、总溶解性固体（TDS）、pH。

从开放式沉陷区地下水内梅罗综合污染指数评价结果汇总表5-7可以看出，评价区域开放式地下水仅在2012年11月、2013年5月出现了轻污染和污染，其他监测时间监测结果内梅罗综合污染指数评价均为清洁，清洁率为77.8%，地下水水质较好。从内梅罗综合指数计算过程看，开放式地下水水质主要影响因子为NH_3-N，即开放式地下

水特征污染物为 NH_3-N。

表 5-7　开放式沉陷区地下水内梅罗综合污染指数评价结果

时间	PIj	污染程度
2012.11.15	1.98	轻污染
2013.01.11	0.96	清洁
2013.04.13	0.64	清洁
2013.05.05	2.11	污染
2013.06.12	0.45	清洁
2013.06.29	0.46	清洁
2013.07.27	0.77	清洁
2013.08.21	0.47	清洁
2013.09.05	0.56	清洁

从封闭式沉陷区地下水内梅罗综合污染指数评价结果汇总表 5-8 可以看出，评价区域开放地下水仅在 2013 年 5 月出现了轻污染，其他监测时间监测结果内梅罗综合污染指数评价均为清洁，清洁率为 87.5%，地下水水质较好。从内梅罗综合指数计算过程看，与开放式地下水相同，封闭式地下水水质主要影响因子为 NH_3-N，即封闭式地下水特征污染物为 NH_3-N[123]。

表 5-8　封闭式沉陷区地下水内梅罗综合污染指数评价结果汇总

时间	PIj	污染程度
2013.01.11	0.54	清洁
2013.04.13	0.65	清洁
2013.05.05	1.76	轻污染
2013.06.12	0.31	清洁
2013.06.29	0.50	清洁
2013.07.27	0.56	清洁
2013.08.21	0.35	清洁
2013.09.05	0.56	清洁

5.1.3　有机污染评价

根据表 5-9 和表 5-10 可以看出，开放式沉陷区地表水和封闭式沉陷区地表水在监测期内水质评价结果均为良好，有机污染综合评价值未达到有机污染的限值，说明沉陷区有机污染监测值没有异常，可以认为不存在明显的有机污染。结合有机污染评价的计算过程看，虽然部分研究区域水体的化学需氧量比较高，但评价因子溶氧在研究时段内的监测值也较高，导致计算结果有机污染评价值也较低，溶氧是水体有机污染的重要影响因素，整体而言，研究区的有机污染并不明显，水质良好。

表 5-9 开放式沉陷区地表水有机污染评价结果

监测时间	有机污染综合评价值	污染程度分级	水质质量评价
2012.11.15	−2.22	0	良好
2013.01.11	—	—	—
2013.04.13	—	—	—
2013.05.05	−0.57	0	良好
2013.06.12	−0.44	0	良好
2013.06.29	−1.08	0	良好
2013.07.27	−0.71	0	良好
2013.08.21	−0.33	0	良好
2013.09.05	−0.39	0	良好

注："—"表示无数据

表 5-10 封闭式沉陷区地表水有机污染评价结果

监测时间	有机污染综合评价值	污染程度分级	水质质量评价
2012.11.15	—	—	—
2013.01.11	—	—	—
2013.04.13	—	—	—
2013.05.05	−1.45	0	良好
2013.06.12	−0.69	0	良好
2013.06.29	−1.00	0	良好
2013.07.27	−0.46	0	良好
2013.08.21	−0.52	0	良好
2013.09.05	−0.56	0	良好

注："—"表示无数据

5.1.4 水质评价小结

由评价结果（表 5-11）可以看出：

单因子评价法与模糊数学法评价结果显示采煤沉陷区水体地表水特征指标为 TN，浅层地下水特征指标为 NH_3-N。

1. 通过单因子评价，两种沉陷区中水质类别在为Ⅳ～Ⅴ类间变化，地表水的变化趋势一致，至于在地下水的水质方面则开放式沉陷区的水质略次于封闭式沉陷区水质，这说明由于沉陷区地表水和浅层地下水之间存在着互补关系。且开放式沉陷区的越流量远大于封闭式沉陷区，且不同季节互补方向不同，地表与地下的水量交换相对封闭式沉陷区来说更剧烈,因此浅层地下水更易受到地表易迁移指标的影响。因此,开放式沉陷区的水质相对封闭式地下水来说略差,这与内美梅罗指数法的结果一致。

2. 从有机污染方面看,研究区域的地表水有机污染评价结果均为良好,虽然研究区域地表水体在某些污染指标方面超过水质要求,但不影响总体水质,没有出现较为严重的污染现象。

3. 内梅罗污染指数评价结果显示,地下水污染级别值仅出现了少数的污染和轻污染级别,监测时段内大部分时间研究区域的地下水是清洁级别的,说明地下水水质某些指标达到了一定的分类限值,但地下水总体呈现的水质情况较好。

表 5-11　各种方法水质评价结果汇总

日期	单因子水质评价				模糊数学法水质评价		内梅罗污染指数水质评价		有机污染水质评价	
	地表水水质类别		地下水水质类别		地表水水质类别		地下水水质类别		地表水水质类别	
	开放式	封闭式	开放式	封闭式	开放式	封闭式	开放式	封闭式	开放式	封闭式
2012.11.15	Ⅳ	—	Ⅴ	—	Ⅴ	—	轻污染	—	良好	—
2013.01.11	Ⅴ	Ⅴ	Ⅴ	Ⅲ	Ⅴ	Ⅴ	清洁	清洁	—	—
2013.04.13	Ⅳ	Ⅳ	Ⅳ	Ⅳ	Ⅳ	Ⅳ	清洁	清洁	—	—
2013.05.05	Ⅳ	Ⅳ	Ⅴ	Ⅴ	Ⅲ	Ⅲ	污染	轻污染	良好	良好
2013.06.12	Ⅴ	Ⅴ	Ⅳ	Ⅳ	Ⅴ	Ⅴ	清洁	清洁	良好	良好
2013.06.29	Ⅳ	Ⅳ	Ⅳ	Ⅳ	Ⅲ	Ⅲ	清洁	清洁	良好	良好
2013.07.27	Ⅳ	Ⅳ	Ⅳ	Ⅳ	Ⅲ	Ⅳ	清洁	清洁	良好	良好
2013.08.21	Ⅴ	Ⅴ	Ⅳ	Ⅳ	Ⅴ	Ⅳ	清洁	清洁	良好	良好
2013.09.01	Ⅴ	Ⅴ	Ⅳ	Ⅳ	Ⅴ	Ⅴ	清洁	清洁	良好	良好

5.2　地表水与浅层地下水氮元素来源分析

自然界中氮中存在 ^{14}N 和 ^{15}N 两种稳定同位素,它们在大气氮中比为 99.635% 和 0.365%[124-127]。$\delta^{15}N$ 的含量是将待测物质的稳定同位素以大气作为基准测定和计算出的千分率,由下式计算得出:

$$\delta^{15}N\,(‰) = [(R\text{样本}/R\text{大气}) - 1] \times 1000$$

式中,R:$^{15}N/^{14}N$,R 大气 $=^{15}N/^{14}N$ 大气 $= 0.365\%/99.635\% = 3.663 \times 10^{-3}$。

地下水和土壤中 NO_3^- 来源复杂,可分人为来源和天然来源。天然来源构成了地下水硝酸盐天然背景值,人为来源则更加复杂,包括人工固氮生产的化肥、煤、石油、天然气燃烧、工业废水和生活污水排放、人和畜禽粪便的排放等。从 20 世纪 70 年代开始,众多学者利用 $\delta^{15}N$ 研究地表水及地下水汇总硝酸盐氮的来源,最为经典的是 Helton[128]在总结前人研究成果的基础上得出主要污染源的氮同位素组成典型值域,大大提高了氮同位素技术在实际应用的可操作性。不同来源的硝酸盐其 $\delta^{15}N$ 范围大致为：降水为 $-8‰ \sim 2‰$，化肥 $-4‰ \sim 4‰$，矿化的土壤有机氮 $4‰ \sim 8‰$，生活污水为 $8‰ \sim 15‰$，动物粪便为 $10‰ \sim 22‰$，根据这些数值结合研究区的水文地质条件，可以大致推断出地下水中 NO_3^- 来源（表 5-12）。

表 5-12　地表水及浅层地下水 NO_3^- 的来源

沉陷区类型	点位	^{15}N (‰)	^{18}O (‰)	来源
封闭式沉陷区	16B	1.21	24.64	降水
	16D	18.59	17.46	动物粪便
	6B	2.68	20.00	化肥
	6D	6.89	−3.39	矿化的土壤有机氮
开放式沉陷区	8B	−3.88	−1.85	化肥
	8D	40.98	15.44	—
	9B	−0.40	18.64	化肥
	9D	−2.35	3.72	化肥
	P1	3.87	18.22	化肥
	P3	2.07	20.10	化肥
地表河流	NB	7.26	5.33	生活污水

同时，在用 $\delta^{15}N$ 识别地下水来源的研究中，也有众多学者研究和讨论了 $\delta^{15}N$-$\delta^{18}O$ 来共同识别氮的来源，同时也可以更有效地识别反硝化作用[129]。

如表 5-12 和图 5-1 所示，结合沉陷区周围的土地利用类型和 $\delta^{15}N$ 的测试结果，在开放式的沉陷区，南侧为泥河，北侧为农田，在南侧泥河边上有畜禽养殖，地表水和浅层地下水的 NO_3^- 来源基本上来自于化肥，而泥河水中的 NO_3^- 主要来自于生活污水。封闭式沉陷区周边为农田和村庄，地表水中的 NO_3^- 主要来自于降水和化肥，而浅层地下水中的 NO_3^- 来自于动物粪便和矿化的土壤有机氮。

通过分析研究区地表水和浅层地下水中 $\delta^{15}N$、$\delta^{18}O$ 含量，不同类型沉陷区的地表水和浅层地下水的 NO_3^- 来源不同，开放式沉陷区由于受到地表河流的影响，水力交换条件好，其 NO_3^- 主要来自于周边农田在降雨时的地表径流的汇入，浅层地下水也受到了地表化肥的污染。

封闭式沉陷区由于水力循环条件、沉陷区形状等因素的影响，在某些区域，地表水中的 NO_3^- 主要来自于降水，而其相应垂线下的浅层地下水中的 NO_3^- 来自于动物粪便，同时在其他区域，地表水中的 NO_3^- 来自于化肥，而其相应垂线下的浅层地下水中的 NO_3^- 来自于土壤矿化的有机氮。说明封闭式沉陷区的地表水相对孤立，水力循环条件次于开放式沉陷区，同时浅层地下水的循环也不同于开放式沉陷区，污染物的扩散面积小于开放式沉陷区。

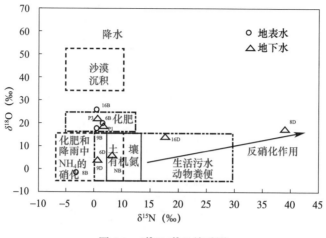

图 5-1　$\delta^{15}N$-$\delta^{18}O$ 关系图

5.3　主要营养盐特征

在水环境中存在着各种不同的物质循环，尤其是对水生生物的生长状况以及水质影响较大的氮磷循环，形式更加多样。水中溶解态的无机和有机磷，一定量的被初级生产者吸收利用，并沿着食物链向多重高级消费者传递。这些过程中，各种消费者的排泄物、分泌物和分解产物被微生物分解后，将其体内摄取的磷类物质释放到水体。此外，初级生产者未利用的一部分将通过一系列复杂的物理、化学、生物等作用逐步沉至底泥，这部分磷可被微生物直接利用，随着食物链进行循环，也可在某些合适条件下释放到水体中进入循环系统。氮类物质的循环主要是通过微生物、藻类等的氨化作用、硝化作用以及反硝化作用完成的，其他与磷类物质循环类似。

5.3.1　氮类指标

氮类各形态化合物是水体富营养状态的重要指标之一，是研究水体富营养化的重要内容。水体中的氮主要以有机氮和无机氮等形式存在，无机氮包括氨氮、亚硝酸盐氮和硝酸盐氮，图 5-2 是研究区内地表水和地下水中各形态氮的比例。

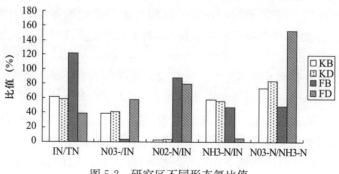

图 5-2　研究区不同形态氮比值

由图 5-2 可以看出：

1. 研究区地表水之间、地下水之间无机氮与总氮比率变化趋势基本一致，地表水中两者比率升高主要是氨氮占无机氮的比重增加，地下水中比率升高主要是由于硝态氮比重增加；地表水与相应的地下水之间无机氮与总氮的比率差异较大，主要是由地表水与地下水水文条件、溶氧、温度、pH 等多种环境因素引起两区域同一时期内优势菌种不一样造成的。

2. 各研究区无机氮组成中，氨氮＞硝酸盐氮＞亚硝酸盐氮，亚硝酸盐氮在无机氮中的比率基本低于 5％，这与我国大多数湖泊中的比率一致[130]。

3. 总体来说，地表水中无机氮含量高于浅层地下水中无机氮含量，封闭式沉陷区中浅层地下水中的无机氮含量最低。其中，不同形态无机氮所占比例不同。开放式沉陷区中无机氮形态以硝酸盐氮和氨氮为主，氨氮含量地表水＞浅层地下水，亚硝酸盐氮、硝酸盐氮含量反之；而封闭式沉陷区中亚硝酸盐氮和氨氮为主，亚硝酸盐氮、氨氮含量为地表水＞浅层地下水，硝酸氮含量反之。

5.3.2　磷类指标

水体中的磷主要以正磷酸盐、有机磷和聚合磷酸盐三种主要化学形态存在，其中，植物吸收量最大的是溶解性正磷酸盐。研究区内磷主要来自地表径流、农业面源、周边点源以及底泥释放等，图 5-3 说明了各研究区不同形态磷之间的比例。

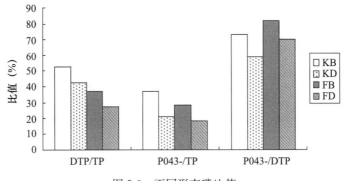

图 5-3　不同形态磷比值

由图 5-3 可知：

1. 正磷酸盐是溶解性总磷中的主要组成部分，基本上含量高于 50％，说明正磷酸盐是溶解性磷的主要存在形态，更有利于水生生物的摄取利用，正磷酸盐占总磷比例为地表水＞浅层地下水，同时封闭式沉陷区＜开放式沉陷区。而正磷酸盐占溶解性总磷比例则为地表水＞浅层地下水，但封闭式沉陷区＞开放式沉陷区。

2. 溶解性总磷占总磷比例为地表水＞浅层地下水，同时开放式沉陷区＞封闭式沉陷区。

3. 地表水中丰水期正磷酸盐占总磷的比重明显高于枯水期，说明降雨带来的地表径流、农业面源及生活垃圾淋滤液中正磷酸盐含量较高，使研究区在丰水期内正磷酸盐升高。

5.3.3 氮和磷限制性分析

水体中氮磷类营养盐是水生生物不可或缺的，当生物可利用磷的浓度低于 5mg/L 时，磷类营养盐可能成为限制水生植物生长的限制性因素；当生物可利用但浓度低于 20mg/L 时，氮类营养盐可能成为制约水生植物生长的限制性因素。若两者均小于以上标准，氮和磷则均可能成为限制性营养盐，若可被水生植物吸收利用的氮磷营养盐浓度均高于限制生长的含量时，可利用水体中氮和磷的比值来确定限制性营养盐。

由图 5-4 可知：

1. 水生植物对氮吸收量最大的形态为无机氮，多数无机氮与总磷比率都大于 7，说明研究区属磷限制性水体。TN：TP 和 DIN：TP 均大于文献给出的 P 限制阈值（16：1 和 5：1）[131-132]，并具有一定的季节变化性，同时由于水体中 PO_4^{3-}-P 浓度极低，导致 IN/TP 较大，均体现出 P 限制的特点，其中地表水中 IN/TP、TN/TP、KN/TP 比值为开放式沉陷区大于封闭式沉陷区，而浅层地下水中则相反。

2. 丰水期总氮与总磷的比率以及无机氮与总磷的比率均有所降低，并且两比率差距也随之减小，说明丰水期给研究区带来的氮源污染主要为无机氮，有机氮比重较小，另外，丰水期为研究区带来的氮磷污染中磷的比重要高于氮的，说明降雨对研究区内磷的相对影响大于对氮的相对影响。

3. 总氮与总磷的比率在 6 月和 7 月均有所升高，主要是由于这段时间处于丰水期和农忙高峰期，该时段农业施肥打药、地表径流为研究区氮磷浓度有很大贡献。

4. 通过以上分析，开放式沉陷区由于和地表河流相连，氮的来源更广，氮磷比更大，更加体现了磷限制的特征，同时在对沉陷区水体富营养化进行预防和控制时，由于开放式沉陷区的高氮磷比的特点，在有相同外源磷输入的情况下，可能开放式沉陷区更易发生富营养化。因此，采煤沉陷区发生富营养化的潜在风险不可忽视，尤其是对外源磷输入的控制[133-135]。

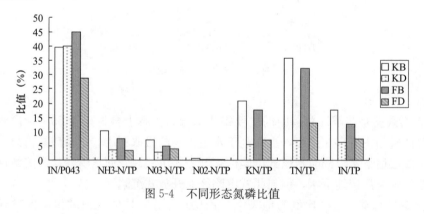

图 5-4　不同形态氮磷比值

5.4　地表水与浅层地下水水质特征

通过对两种沉陷区地表水及浅层地下水近一年的水质监测，结合地表水及浅层地下水的水量转化关系、降雨蒸发、农业面源汇入、污染源分布等因素，采用相关性分析，分析封闭式沉陷区和开放式沉陷区的水质在不同点位、不同时间的变化情况及影响因素。在图 5-5 中，开放式沉陷区地表水简称为 KB，开放式沉陷区地表水简称为 KD，封闭式沉陷区地表水简称为 FB，封闭式沉陷区地下水简称为 FD，其中开放式沉陷区不同点位的指标图中 1、2、3、4、5、6、7、8 分别代表 1、2、3、4、7、8、9、11 号人工观测孔，封闭式沉陷区不同点位的指标图中 1、2、3、4、5 分别代表 6、12、14、15、16 号人工观测孔。

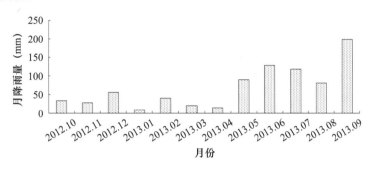

图 5-5　研究区域监测时段内降水量

5.4.1　监测时段内降雨量及泥河水质变化

在研究期的降雨量图显示，降雨量以 2013 年 9 月份最高，在 2013 年 5 至 7 月为丰水期，2012 年 10 月至 4 月为枯水期。

5.4.2　常规无机指标

1. 氟化物

由图 5-6 可看出：研究区监测时段内各区域氟化物均呈现下降趋势，丰水期氟化物含量均明显低于枯水期，根据监测时段内降雨量可知，6—9 月雨量充沛，说明降雨对研究区氟化物有一定的稀释作用，降雨地表径流冲刷物等不是氟化物的主要来源。另外，开放式表水（KB）和封闭式表水（FB）的氟化物含量明显高于相应区域内开放式地下水（KD）和封闭式地下水（FD）含量，而 KB 与 FB、KD 与 FD 之间的差异很小。

不同监测点位监测时段内氟化物均值情况表明同一监测点地表水中氟化物含量高于相应的地下水；同一研究区内不同监测点氟化物差距较小，不同研究区内对应地表水和地下水之间氟化物差异也较小，主要是由于氟离子在地表水和地下水之间运移的过程中要经过复杂的物理、化学和生物等作用，降低了交换量或改变其形态，同时，地下水中氟化物浓度与氟在该区域地下矿物和岩石中的丰度密切相关，也与水文地质条件有关，即氟化物浓度主要受控于含水层中含氟矿物的含量及地下水径流条件。这些因素综合作用的结果是地表水中氟化物高于地下水[136]。泥河中氟化物与研究区内地表水中氟化物基本一致，说明泥河中氟化物对开放式研究区内氟化物没有太大影响。

在采煤沉陷区，地表水与浅层地下水的转化关系以地下水补给地表水为主，因此在该区域，采煤沉陷对地表水中的氟化物浓度没有不利影响，在一定程度上可能是起到了稀释降低浓度的作用。

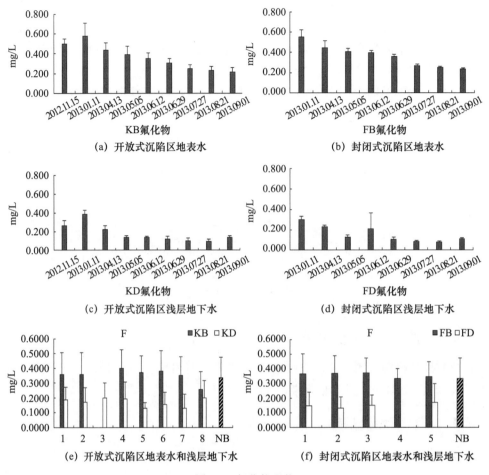

图 5-6 氟化物现状

2. 总碱度

研究区内总碱度监测值丰水期低于枯水期，整体变化不大，说明降雨对研究区内总碱度的影响不大。KB、FB、KD 与 FD 内总碱度均值分别为 108.27mg/L、107.44mg/L、141.33mg/L 和 123.79mg/L，显然，地下水总碱度均值高于对应地表水，地表水之间差异较小，地下水之间存在较大差异。KB 内总碱度标准差高于 FB，主要是由于该区域有些监测点附近存在明显的污染源，如 KB4 附近存在粉煤灰场、KB6 附近堆放有大量碱性的建筑垃圾等，导致区域内不同监测点总碱度值差异显著（图 5-7）。

研究区各监测点中地下水总碱度值基本上高于地表水，但空间的差异性较大，开放式研究区内最大值出现在 KD6，同样是由于附近大量碱性建筑垃圾渗滤液以及周边大量农田用水渗入地下水造成的。泥河中总碱度与研究区地表水相当，说明水体内总碱度主要受自然因素影响。

3. 总溶解性固体

从图 5-8 中（a）、（b）、（c）、（d）沉陷区地表水和浅层地下水 TDS 时间变化图可以看出，研究区内 KB、FB、KD、FD 年内均值分别为 0.464g/L、0.458g/L、0.518g/L、0.616g/L，KB>FB，FD>KD，根据第 4 章水量转化的计算结果，封闭式沉陷区地表

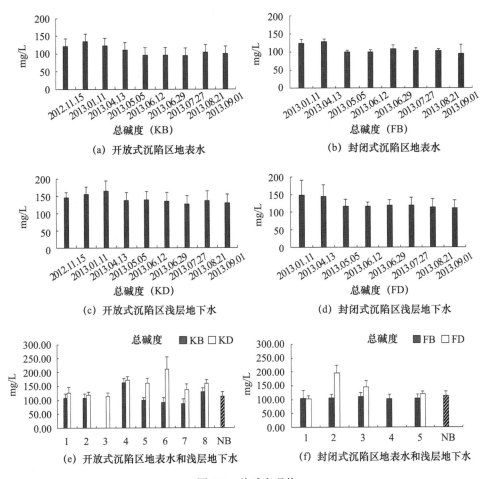

图 5-7　总碱度现状

水与浅层地下水的越流补给方向为地下水补给地表水。而开放式沉陷区的补给方向随着季节变化，在 2013 年 1 月至 9 月，开放式沉陷区的越流补给量远大于封闭式沉陷区，这同时也说明开放式沉陷区地表水和地下水之间的水力交换更为频繁。因此，相对将 FD 和 FB 的变化，KD 与 KB 之间的更加频繁的水力交换造成了开放式沉陷区地表水和浅层地下水中 TDS 值相差不大，而封闭式沉陷区由于上下水交换相对较弱，FB 与 FD 之间的 TDS 值差值较大。

　　地表水与浅层地下水之间的转化特征，也说明了图 5-8（e）和图 5-8（f）中同一个点位地表水和浅层地下水中 TDS 值的差异性分布，开放式沉陷区中地表水和地下水因交换频繁，因此 TDS 值相差不大，而封闭式沉陷区中 TDS 值差异性表现更为明显。

　　两个研究区 6 月份的矿化度均升高，尤其是地下水升高幅度更大，其中 KD 的增加幅度最大，主要是这段时间农田施肥和农药用量增加。同时，农田用水围聚于稻田内，地表水对地下水之间的相互交换更加频繁，地下水中溶解组分总量增加，导致矿化度升高。

　　研究区内 TDS 基本呈现地下水监测值大于地表水的现状，KB 与 KD 内 TDS 最大值均出现在 4 号监测点，主要是该监测点附近存在一个粉煤灰场，煤灰场扬尘以及监测井旁边的粉煤灰淋洗液渗入严重增加了地表水和地下水中的溶解组分总量，导致该监测点矿化度最大。FB 与 FD 内最大值出现在 FD3，可能与该点水文地质条件有关。

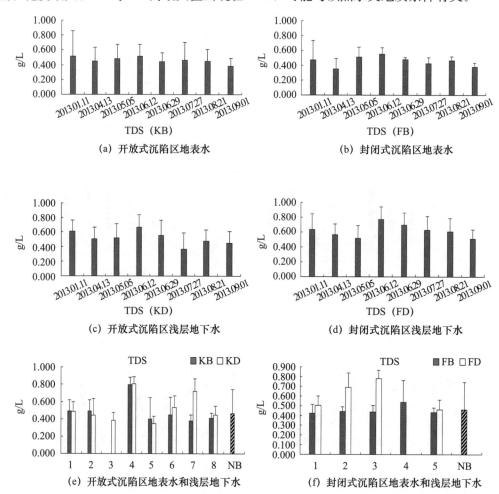

(a) 开放式沉陷区地表水　　　　　　　(b) 封闭式沉陷区地表水

(c) 开放式沉陷区浅层地下水　　　　　(d) 封闭式沉陷区浅层地下水

(e) 开放式沉陷区地表水和浅层地下水　(f) 封闭式沉陷区地表水和浅层地下水

图 5-8　TDS 现状

4. 硫化物

由图 5-9 可知，KB 与 FB 各区域内硫化物含量均基本一致，KB、FB、KD 和 FD 中硫化物均值分别为 0.65mg/L、0.52mg/L、0.64mg/L 和 0.66mg/L，泥河中所取水样的硫化物含量基本一致，说明泥河中硫化物对 KB 影响很小；KD 与 FD 内硫化物变化趋势基本一致，同一区域内不同时段硫化物差异较大。

5. 悬浮物

由图 5-10 可知，研究区水体 SS 差异很大，KB 与 FB 内最大值分别为 0.0238g/L、0.037g/L，均出现在 4 月，主要是 4 月上半旬降雨量很少，地表水位下降、水体浑浊、透明度低，所取水样中含有部分泥沙等颗粒物，导致 SS 升高。另外，6 月和 7 月 SS 也较高，主要是由于地表水被大量抽取灌溉导致水体浑浊，造成 SS 升高。研究区藻类、围箱养鱼等均会对 SS 造成影响。

研究区内多数监测点的 SS 含量均较低，整体上一致，泥河中 SS 高于多数研究区监测点位，主要是泥河沿途接纳大量的生活污水、矿井水等导致的。

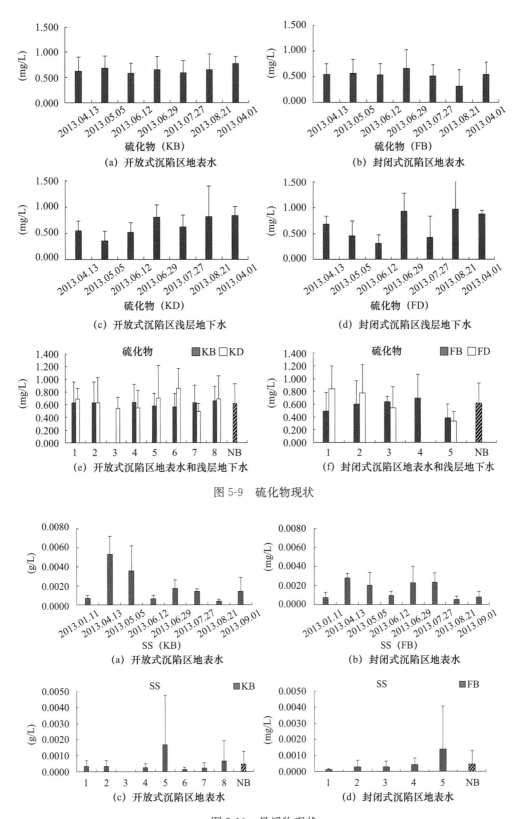

图 5-9 硫化物现状

图 5-10 悬浮物现状

6. 溶解氧和水温

由图 5-11 可知：KB 与 FB 内 DO 含量大体呈现下降的趋势，T 呈上升趋势，主要是水温、藻类、微生物及鱼类活动强度等对 DO 有很大影响。夏季水温高、光照强，微生物代谢活动加强，区域内网箱养鱼数量升高，鱼类活动加强，藻类等水生生物大量生长繁殖，耗氧量升高，导致水中 DO 降低；冬季水温低，水体中溶解氧含量随之升高。研究区域 KB、FB 内不同监测点位的 DO 均较高，差异较小，总体上高于泥河。

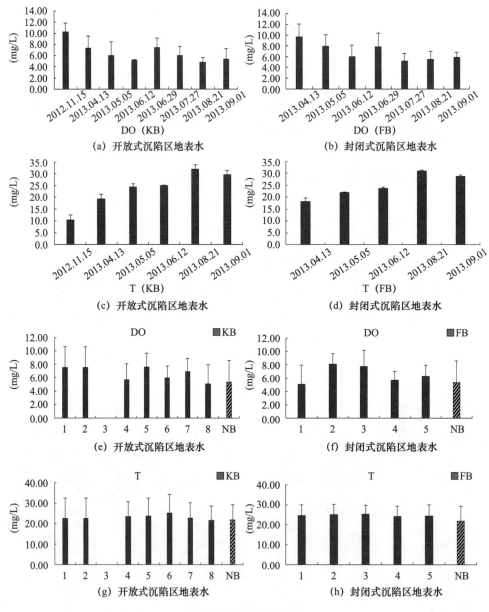

图 5-11　DO 和 T 现状

7. pH 和氧化还原点位

由图 5-12 可知：KB 与 FB 内 pH 变化趋势基本一致，两区域均值分别为 8.32、

8.30，呈弱碱性，这与国内大多学者对湖泊等地表水体 pH 的研究结果一致。KD 与 FD 内 pH 变化趋势一致，均值分别为 7.42、7.40，整体上较地表水 pH 低。

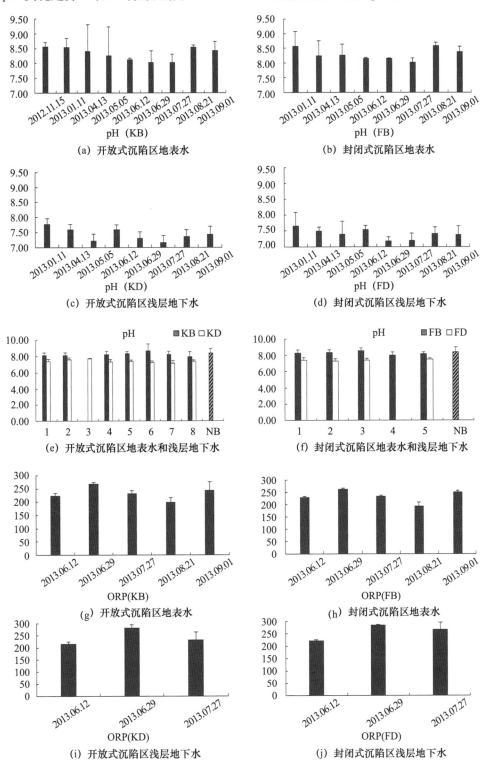

(a) 开放式沉陷区地表水

(b) 封闭式沉陷区地表水

(c) 开放式沉陷区浅层地下水

(d) 封闭式沉陷区浅层地下水

(e) 开放式沉陷区地表水和浅层地下水

(f) 封闭式沉陷区地表水和浅层地下水

(g) 开放式沉陷区地表水

(h) 封闭式沉陷区地表水

(i) 开放式沉陷区浅层地下水

(j) 封闭式沉陷区浅层地下水

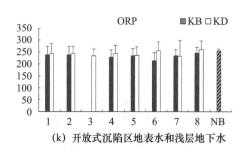
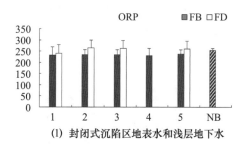

(k) 开放式沉陷区地表水和浅层地下水　　　(l) 封闭式沉陷区地表水和浅层地下水

图 5-12　pH 和 ORP 现状

各监测点地表水 pH 均高于地下水 pH，且均偏碱性，泥河 pH 与其他地表水 pH 接近。封闭式区域内各监测点位地表水和对应的地下水 pH 差异较小，不同监测点 pH 差异可能是由该点周边环境、污染源类型、水文地质条件及降水等因素引起。KB6 的 pH 明显高于其他监测点，主要是该监测点附近堆积有大量碱性建筑固体废物造成的。

研究区各监测点的 ORP 整体呈现地表水低于地下水的规律，泥河 ORP 接近各点位地下水比各点位的地表水稍高。各研究区内 ORP 在监测时段内变化很小，KB、FB、KD 和 FD 内均值分别为 232、233、243 和 257，因为 KB 与 FB 内 DO 均值分别为 6.54mg/L、6.84mg/L，因此两区域水体表现出的氧化能力相当，KD 与 FD 内 ORP 值均大于相应的地表水，这是因为地下水中含有更多氧化态物质，地下水 pH 也低于地表水，ORP 的主要影响因素为 DO，同时，pH 和 T 通过 DO 间接地影响 ORP。

5.4.2　有机类指标

1. COD_{Cr} 和 COD_{Mn}

由图 5-13 可知：各研究区内 COD_{Cr} 以及 FB 中 COD_{Mn} 含量相当且大体上均呈上升趋势，KB 内 COD_{Mn} 的标准差整体高于 FB，说明 KB 内各点位 COD_{Mn} 含量在同一时间差异较大，这主要是由于该区域内几个监测点附近存在明显的污染源，丰水期含量明显高于枯水期含量，结合监测时段内雨量变化趋势，各区域两指标最大值均出现在 9 月份，说明研究区内降雨引起的地表径流和农业面源污染为主要为有机物污染源，同时，由于每次采样时间和降雨时间间隔不同，此次采样间隔时间最短且降雨量最大，说明降雨会对水质带来短时影响，降雨结束后研究区水体有一定的自净能力；KD 与 FD 内 COD_{Mn} 呈现相同的变化趋势，1 月、6 月的含量均较高，主要是由于 1 月份降雨量最低，6 月份天气干旱、降水量较少。同时，正值水稻种植季节，研究区地表水抽排量大，农田施肥和农药用量增加，并且农田灌溉用水截留于田地中，增加对地下水补给量等因素导致其含量升高。

对于不同点位监测时段内均值：KB 与 FB 中 COD_{Cr}、COD_{Mn} 含量均比相应 KD 与 FD 高，地表水、地下水之间差异很小，地表水监测时段内的 COD_{Cr} 标准差基本上大于对应地下水，COD_{Mn} 的标准差则是地下水大于地表水，说明监测时段内 COD_{Cr} 在地表水中的变化较大，COD_{Mn} 在地下水中的变化较大。地表水中 COD_{Cr} 值大多在地表水环境质量标准中Ⅲ到Ⅳ类水，地下水中 COD_{Mn} 完全符合地下水环境质量Ⅳ类水标准。KB 中 COD_{Cr} 最大值出现在 KB6，主要是由于该监测点旁边存在大量建筑垃圾，附近有大量农田，表观上体现有藻类大量生长繁殖。FB 中 COD_{Cr} 最大值出现在 FB4，因为该监测点地表水取自旁边的鱼塘，由于人为投放大量鱼饲料，增加水中有机物含量，致使 COD_{Cr} 监测值高于其他监测点。泥河中 COD_{Cr}、COD_{Mn} 监测值与 KB 内各监测点位相比，显然泥河不是 KB 内 COD_{Cr} 和 COD_{Mn} 的主要污染源。各研究区内有机物主要源自农业面源、地表径流冲刷物、周边居民生活污水及生活垃圾等。

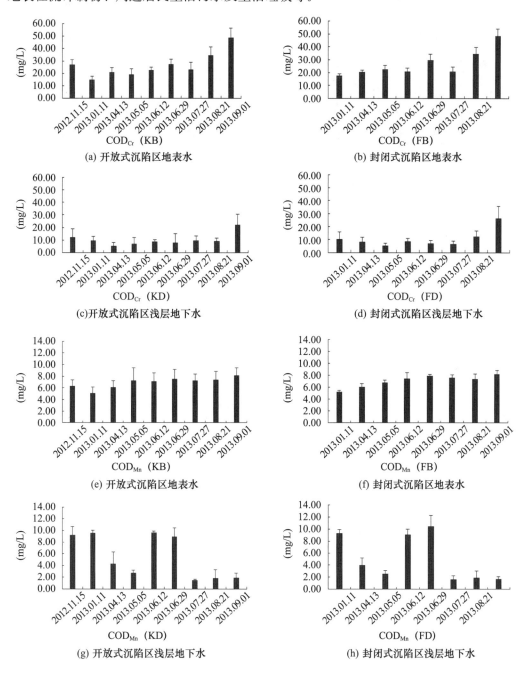

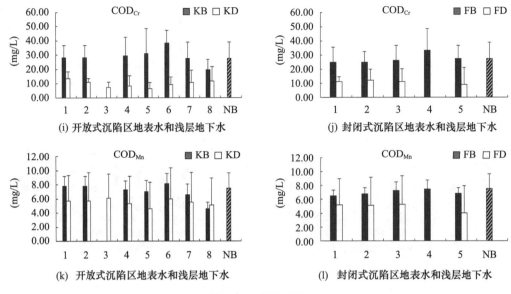

图 5-13　COD 现状

2. BOD$_5$ 和 TOC

由图 5-14 可知：KB 与 FB 内 BOD$_5$ 在不同时间内监测值基本一致，两区域内 BOD$_5$ 监测值相近，KB 内 BOD$_5$ 最低值出现在 11 月，主要是该时期内地表水温低导致微生物新陈代谢活动减弱，进而使 BOD$_5$ 监测值降低；KD 与 FD 内 BOD$_5$ 监测时段内均值分别为 0.78mg/L、0.73mg/L，KD 内最大值 1.23mg/L 出现在 11 月，主要是地下水温度受气温影响较小，枯水期地下水中有机物含量高，为微生物提供充足营养，增强了新陈代谢活动，使 BOD$_5$ 升高。

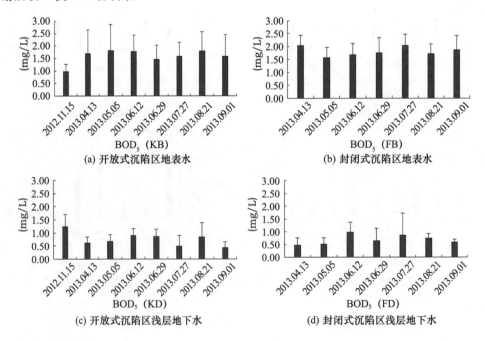

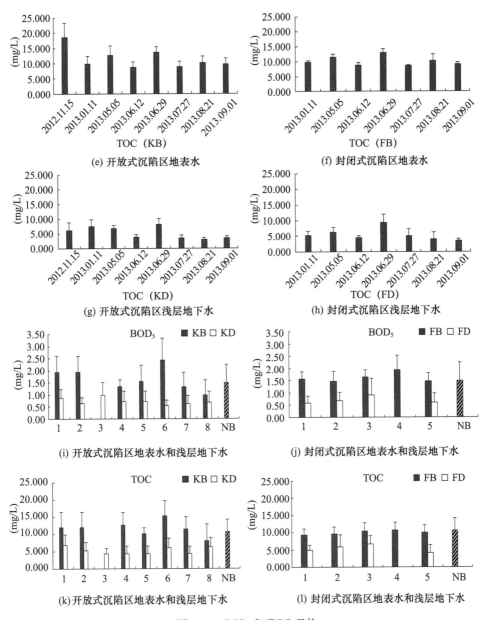

图 5-14　BOD$_5$ 和 TOC 现状

　　KB、FB、KD、FD 内 TOC 各点年平均值分别为 11.5mg/L、10.14mg/L、5.34mg/L、5.39mg/L，KB 内 TOC 略高于 FB 是由于该区域水体与泥河相通，增加了其中 TOC 含量；地下水区域中 TOC 明显低于地表水，说明土壤等介质的吸附、过滤以及其中某些微生物降解等作用会降低有机物含量。另外，6 月第二次各区域 TOC 监测值均较高，是因为处于农忙高峰期，研究区内水体抽排量大且降雨量较少，地表水体蒸发浓缩以及灌溉用水渗入地下水使 TOC 含量升高。

　　研究区内各监测点地表水 BOD$_5$ 和 TOC 均高于相应地下水，因为农业面源污染、降雨冲刷物、生活污水等可以直接汇入地表水体，产生量与实际汇入量基本相当，而这些污染物要经过各种物理、化学、生物因素等作用才能到达地下水,因此对于地下水的汇入量远小于产生量,造成地下水中 TOC 低于地表水。泥河中 BOD_5 和 TOC 与研究区表水相当,说明泥河不是研究区地表水有机物的主要污染源。

5.4.3 富营养化指标

1. 氨氮和凯氏氮

由图 5-15 可知:研究区内地表水和地下水相应的 $NH_3\text{-}N$ 和 KN 具有相似的变化规律,KB 与 FB 内 $NH_3\text{-}N$ 和 KN 最大值均出现在 6 月农忙高峰期,说明农业面源为该时段内主要氮类污染源;KD 与 FD 中 $NH_3\text{-}N$ 最大值均出现在 5 月,主要是由于采样前的4 月降雨量很少,加上农业施肥带来更严重的面源污染、蒸发浓缩以及微生物等作用,使该时段 $NH_3\text{-}N$ 含量升高;KD 与 FD 中 KN 最大值均出现在 6 月,这时正值农业施肥高峰期,采样前 5 月的降雨量较充沛,农业面源带来大量氮源,造成 KN 含量升高。

各研究区不同点位 $NH_3\text{-}N$ 和 KN 的监测值主要与周边环境、污染源等有关,KB 中 $NH_3\text{-}N$ 含量比 FB 高。同时,泥河 $NH_3\text{-}N$ 含量高于 FB 中多数监测点位,说明泥河为主要 KB 中 $NH_3\text{-}N$ 污染源之一。KD 与 FD 内 $NH_3\text{-}N$ 最大值分别出现在 KD3 和FD3,主要是两个监测点旁边有生活垃圾堆置,并且周边有大量稻田,由于生活垃圾

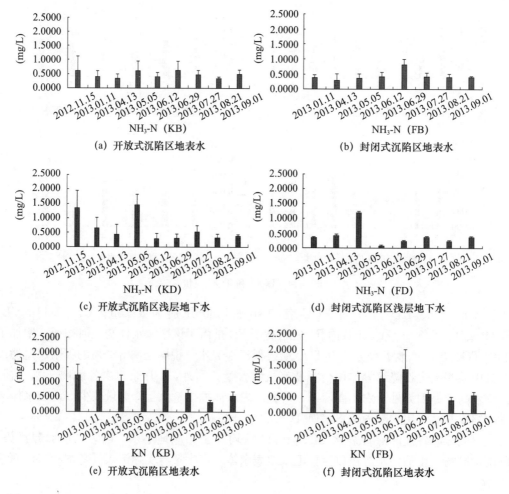

(a) 开放式沉陷区地表水   (b) 封闭式沉陷区地表水

(c) 开放式沉陷区浅层地下水   (d) 封闭式沉陷区浅层地下水

(e) 开放式沉陷区地表水   (f) 封闭式沉陷区地表水

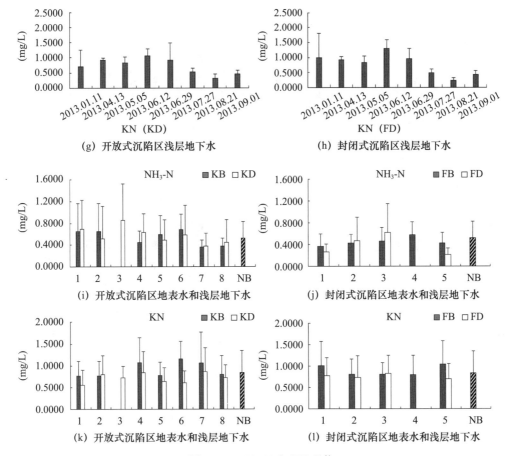

图 5-15 NH₃-N 和 KN 现状

渗滤液和农业面源污染物渗入地下水，导致两个地下水监测点中 NH₃-N 含量高于其他监测点。开放式研究区内，KB4、KB6、KB7 凯氏氮含量较其他监测点 NH₃-N 含量高，主要是由于这三个监测点位旁边分别存在煤灰场、建筑材料固体废物和养鱼网箱，这些污染源增加了其对应监测点水体中能被转化为铵盐而测定的有机氮化合物含量，导致 KN 含量较高。封闭式研究区中凯氏氮最大值出现在 FB5，主要是因为该监测点水样取自旁边养鱼塘，人为投放大量饲料增加了水体中有机氮含量，进而使该监测点凯氏氮含量高于其他点位。各研究区大多数监测点 NH₃-N 和 KN 的标准差均较大，说明在监测时段内同一监测点多次监测值差异较大，这主要是受降雨带来的地面冲刷物及农业面源影响。

2. 总氮

由图 5-16 可知，KB 与 FB 在监测时段内 TN 变化规律一致，两区域 TN 平均值分别为 1.51mg/L、1.47mg/L，泥河 TN 均值为 1.52mg/L，说明 KB 与泥河连通，同时存在污染物交换。6 月份的监测值突然变大，是由于该时段农业面源污染严重；FD 与 KD 内 TN 均值分别为 1.25mg/L 和 1.01mg/L，FD 中 TN 略高于 KD，主要是该区域水体不与外界水体连通。另外，区域周边有一些鱼塘长期投放饲料，导致水体 TN 含量高并通过下渗污染地下水对 FD 造成影响。

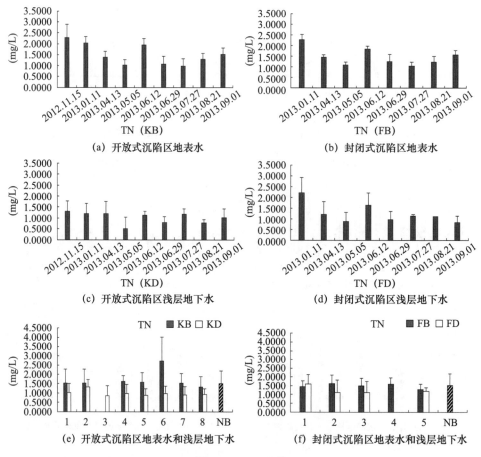

图 5-16　TN 现状

研究区内地表水中 TN 大都高于对应的地下水，主要是由于降雨冲刷物、农业面源污染、生活污水等可以直接汇入地表水，汇入量与产生量基本一致，而这些污染物要经过物理、化学以及生物因素等作用才能进入地下水，汇入量小于产生量，导致地下水中 TN 低于地表水。研究 KB 中 TN 最大值出现在 KB6，主要是该监测点附近大量建筑固废的淋洗液和旁边大量农田面源污染物直接汇入研究区导致的。其他地表水各监测点 TN 含量基本一致，与泥河中 TN 含量差距也较小，说明开放式与封闭式区域内 TN 主要污染源基本相同，降雨冲刷物、农业面源污染物、生活污水及固废都对 TN 有一定贡献。

3. 亚硝酸盐氮和硝酸盐氮

地表水和地下水 NO_2^--N 最大值分别出现在 6 月和 5 月，KB 与 FB 内 NO_3^--N 变化趋势基本一致，最小值都出现在 1 月。整体上，KD、FD 比对应 KB、FB 的 NO_2^--N 高，这是因为在 pH 较低的条件下，有利于亚硝胺类的形成，根据 pH 的监测值可知地下水 pH 均低于地表水。KD 与 FD 内 NO_3^--N 最小值均出现在 9 月（图 5-17）。

4. 正磷酸盐、溶解性总磷和总磷

各区域 PO_4^{3-} 的变化均比较大，KB 与 FB 内含量差距较大，均值分别为 0.043mg/L

和 0.02mg/L，KB 内 PO_4^{3-} 最大值为 0.1738，整体来看，地下水中 PO_4^{3-} 含量比相应地表水中高（图 5-18）。

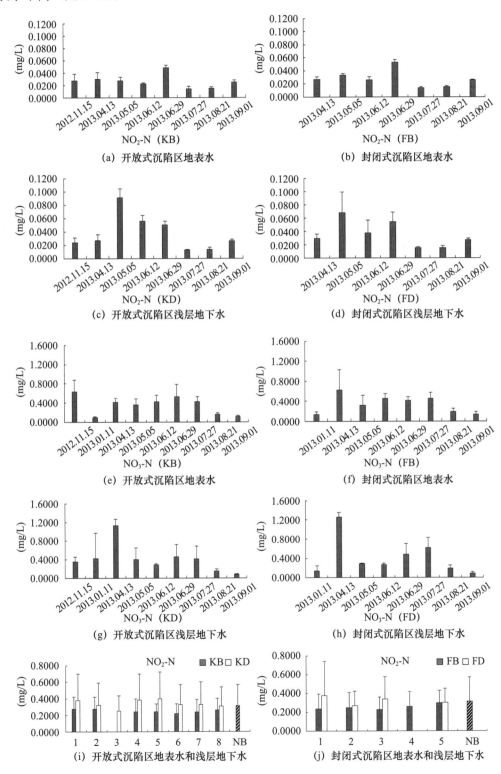

(a) 开放式沉陷区地表水　　　　　　　　　(b) 封闭式沉陷区地表水

(c) 开放式沉陷区浅层地下水　　　　　　　(d) 封闭式沉陷区浅层地下水

(e) 开放式沉陷区地表水　　　　　　　　　(f) 封闭式沉陷区地表水

(g) 开放式沉陷区浅层地下水　　　　　　　(h) 封闭式沉陷区浅层地下水

(i) 开放式沉陷区地表水和浅层地下水　　　(j) 封闭式沉陷区地表水和浅层地下水

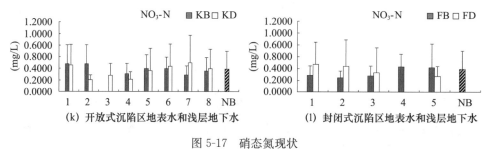

图 5-17 硝态氮现状

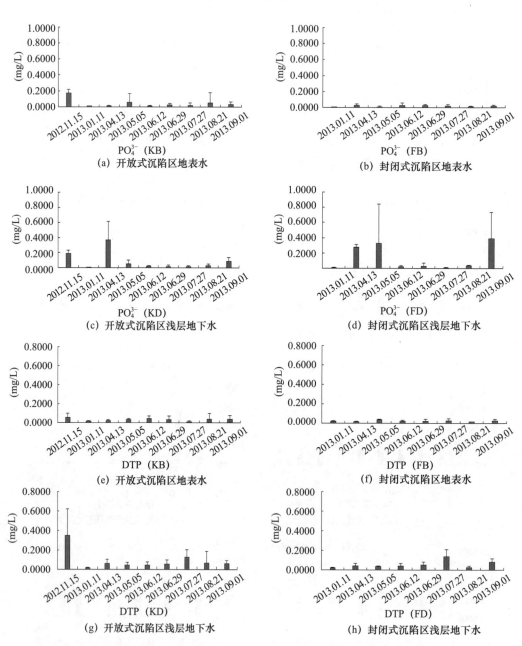

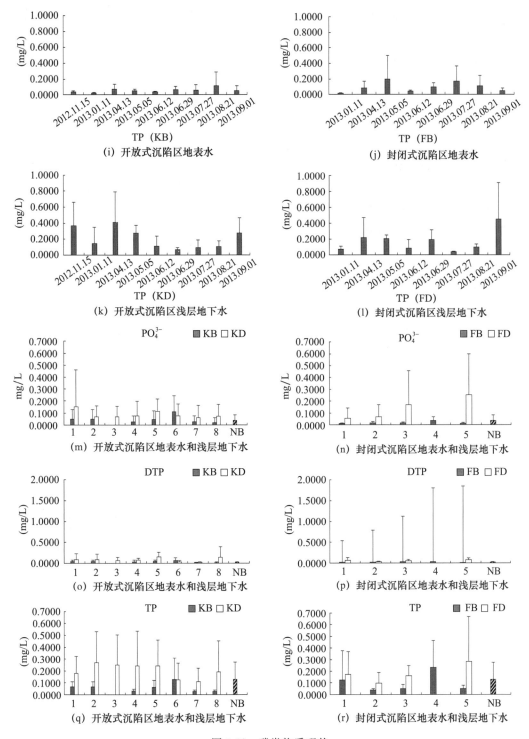

图 5-18 磷类物质现状

KB 与 FB 内 DTP 均值分别为 0.032mg/L、0.025mg/L，泥河中均值为 0.025mg/L，说明泥河对 KB 内 DTP 几乎没有负面影响，而且还有一定的交换作用。KD 与 FD 内 DTP 除 11 月外的变化趋势基本一致。整体来看，地下水中 DTP 含量高于相应地表水。

KB 与 KD 内 DTP 最大值均出现在 11 月。

KB、FB、KD、FD 内总磷的均值分别为 0.057mg/L、0.095mg/L、0.205mg/L、0.172mg/L，泥河中总磷均值为 0.13mg/L，KB 与泥河连通，说明泥河对 KB 内 TP 有一定负面影响，丰水期总磷升高，说明降雨带来的地表径流和农业面源污染为主要污染源。FB 及 FD 周边没有外源水体汇入，周边有大量农田及稻田，说明农业面源污染为其主要污染源之一。

各研究区域多数监测点地下水中正磷酸盐（PO_4^{3-}）、溶解性总磷（DTP）、总磷（TP）的含量均高于对应的地表水，由于影响地下水中磷含量的因素主要有地下磷酸盐释放、地表水中磷的下渗、农业面源污染物、生活污水及固废渗滤液等，同时，该研究区各监测点地下水监测井深都在 10m 以内，岩性主要为粉砂、细砂和中砂，这样的土壤地质构造使地表水中的磷素较易渗漏到地下水中，越靠近塌陷塘越容易渗入，这些因素导致地下水中各形态的磷含量均高于对应的地表水。KB6 的 PO_4^{3-}、DTP、TP 含量均高于 KD6，可能源于该监测点附近有大量建筑固体废物堆积、旁边有大量农田，地表水中垃圾渗滤液和农业面源污染物汇入量大于地下水的渗入量。泥河 PO_4^{3-}、DTP 含量与开放式地表水监测点差异较小，TP 含量基本上高于各监测点，说明泥河中 PO_4^{3-}、DTP 的存在形态低于其他存在形态，这些形态的磷类物质可能是开放式地表水中 TP 的污染源之一。

5. 叶绿素 a

由图 5-19 可知：KB 与 FB 内 Chl-a 含量大体呈升高的趋势，两区域 Chl-a 最大值分别为 25.22mg/m³、45.12mg/m³，均出现在 8 月，主要是由于该时段温度高、光照强、营养丰富，水体中藻类生长旺盛，导致 Chl-a 含量升高。

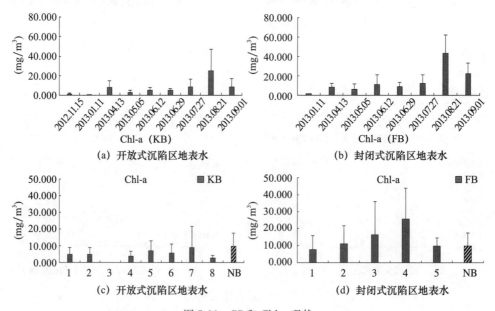

图 5-19　SS 和 Chl-a 现状

整体来看，封闭式区域 Chl-a 含量高于开放式，主要是由于封闭式研究区水体不与外界交换，水体自净能力有限，另外，研究区水域中有大量网箱养鱼，人为投放大量的饲料，均会加剧水体富营养程度。

5.5 地表水与浅层地下水水质相关性分析

采用 SPSS 数据分析软件，选用皮尔森相关系数法分析研究区地表水和浅层地下水中各指标间的相关性，反映研究区的水环境特征。

皮尔森系数（Pearson 相关系数）是衡量不同的两组数据是否在一条线上面，用皮尔森相关系数来反映两变量间线性相关的强弱。它用来反映变量间的线性相关关系的大小。对相关系数显著性检验的双侧近似 P 值用 Sig.（2-tailed）表示，如果 $P>0.05$，则没有统计学意义，也就是说无法确定皮尔森相关系数能否客观地表征指标间的线性相关关系；如果 $P<0.05$，皮尔森相关系数具有统计学意义，并且在 $0.01<P<0.05$ 时，两变量间呈现显著相关，在 $P<0.01$ 时，两变量间呈现极显著相关。皮尔森相关系数一般可以从绝对数值的大小和符号正负两个层面来理解：绝对值的大小能够表明变量间线性相关的强弱程度。正负号表明变量间的相关性关系呈现正相关或者负相关。

变量间相关系数用 r 表示，r 的取值范围是 -1 与 $+1$ 之间。当 $r=+1$ 时，说明变量间呈完全正相关；当 $r=-1$ 时，说明变量间呈现完全负相关。当 $|r|=1$ 时，表示变量间呈现完全线性相关关系；当 $r=0$ 时，表示变量间呈现无相关关系；$r>0$ 说明变量间呈现正相关，$r<0$ 说明变量间呈负相关；r 的绝对值和 1 越接近，说明变量间的线性相关关系越强，r 的绝对值和 0 越接近，说明变量间线性相关关系越弱。

通过 SPSS 分析软件，选取皮尔森相关系数检验法对研究区地表水和浅层地下水内各监测指标间的相关性进行分析，并得出相应的结论。

5.5.1 开放式地表水中各指标间相关性分析

由表 5-13 可知：氟化物与 COD_{Mn} 和 T 均呈极显著负相关，相关性系数分别为：-0.919 和 -0.937，与总碱度呈极显著正相关（$r=0.889$，$P<0.01$）；COD_{Mn} 与总碱度呈极显著负相关（$r=-0.888$，$P<0.01$）。因为温度升高引起地表水中氟化物蒸发浓缩，COD_{Mn} 是表征水体受有机污染物和还原性无机物质污染的程度，还原性无机物如亚硝酸盐、亚铁盐、硫化物等与水体中不同形态的氟化物存在吸附-溶解平衡、沉淀-溶解平衡、络合-解离平衡等反应[137]，进而降低地表水中氟化物含量，因此，氟化物与两者均呈现负相关。总碱度升高，说明水中碱性离子含量较多，这样会降低水中 Ca^{2+} 的活度，有利于底泥中含氟矿物质的溶解以及水中氟化物解离，增加水体中氟化物含量，因此氟化物与总碱度呈极显著正相关。经相关性传递可知，COD_{Mn} 与总碱度呈极显著负相关成立[138-143]。

COD_{Cr} 与 TDS 呈极显著负相关（$r=-0.857$，$P<0.01$），TOC 与 PO_4^{3-} 呈极显著正相关（$r=0.884$，$P<0.01$），Chl-a 与 TP 呈极显著正相关（$r=0.909$，$P<0.01$），说明随着 TP 和 PO_4^{3-} 的增加，藻类大量生长繁殖，光合作用加强，叶绿素含量升高，随后分解产物会引起水体中有机物含量升高，因此以上相关性成立。

NH_3-N 与 ORP 呈极显著正相关（$r=0.983$，$P<0.01$），NO_3^--N 与 T 呈极显著负相关（$r=-0.934$，$P<0.01$），DO 与 T 呈极显著负相关（$r=0.960$，$P<0.01$）。

表 5-13　开放式沉陷区地表水内各指标间相关性分析

KB	F	$CODC_r$	COD_{Mn}	BOD_5	TOC	总碱度	TDS	S	NH_3-N	KN	TN	NO_2^--N	NO_3^--N	PO_4^{3-}	DTP	TP	SS	Chl-a	DO	pH	ORP
$CODC_r$	-0.691*	1.000																				
COD_{Mn}	-0.919**	0.724*	1.000																			
BOD	-0.551	-0.028	0.576	1.000																		
TOC	0.404	-0.061	-0.202	-0.824*	1.000																	
总碱度	0.889**	-0.472	-0.888**	-0.545	0.346	1.000																
TDS	0.679	-0.857**	-0.655	0.495	-0.162	0.361	1.000															
S	-0.350	0.773*	0.646	-0.060	0.219	0.087	-0.774*	1.000														
NH_3-N	0.024	0.018	0.247	-0.574	0.720*	-0.173	-0.163	0.260	1.000													
KN	0.672	-0.624	-0.516	-0.454	0.565	0.399	0.415	-0.251	0.459	1.000												
TN	0.636	-0.085	-0.543	-0.516	0.296	0.510	0.444	-0.056	-0.120	0.163	1.000											
NO_2^--N	-0.215	0.181	0.397	-0.379	0.510	-0.328	-0.409	0.129	0.613	0.422	-0.295	1.000										
NO_3^--N	0.140	-0.292	-0.008	-0.678	0.671	-0.152	0.134	-0.700	0.552	0.456	0.041	0.628	1.000									
PO_4^{3-}	0.267	0.118	-0.079	-0.739	0.884**	0.225	-0.223	0.476	0.465	-0.359	0.443	0.149	0.479	1.000								
DTP	0.002	0.383	0.264	-0.468	0.656	-0.126	-0.197	0.390	0.409	-0.112	0.468	0.408	0.382	0.740*	1.000							
TP	-0.650	0.409	0.461	0.324	-0.095	-0.385	-0.486	0.045	-0.283	-0.533	-0.566	0.195	-0.095	-0.070	-0.011	1.000						
SS	0.268	-0.262	-0.155	-0.020	0.634	0.337	-0.161	0.012	0.092	0.303	-0.375	0.418	0.383	0.016	-0.219	0.028	1.000					
Chl-a	-0.664	0.476	0.434	0.474	-0.356	-0.383	-0.381	0.063	-0.540	-0.782*	-0.386	-0.163	-0.373	-0.152	-0.050	0.909**	-0.248	1.000				
DO	0.749*	-0.257	-0.674	-0.950**	0.932**	0.638	-0.097	-0.192	0.516	0.800*	0.470	0.445	0.797*	0.730*	0.399	-0.364	0.676	-0.578	1.000			
pH	0.418	0.194	-0.420	-0.232	0.255	0.691*	-0.097	0.538	-0.343	-0.312	0.561	-0.426	-0.423	0.441	0.255	0.017	-0.014	0.158	0.226	1.000		
ORP	0.169	0.016	0.269	-0.935*	0.653	-0.414	-0.347	0.203	0.983**	0.782	-0.286	0.845	0.522	-0.475	-0.046	-0.447	0.934*	-0.766	0.887*	-0.590	1.000	
T	-0.937**	0.484	0.815*	0.864	-0.899**	-0.766	-0.378	0.495	-0.457	-0.921*	-0.626	-0.658	-0.934**	-0.686	-0.416	0.541	-0.839	0.686	-0.960**	-0.207	-0.348	1.000

注：* 在 $P < 0.05$ 水平上显著相关；

** 在 $P < 0.01$ 水平上显著相关。

5.5.2 开放式地表水和浅层地下水中各指标间相关性分析

由表 5-14 可知：KB 与 KD 间同一指标间多数呈现正相关关系，氟化物间呈极显著正相关（$r=0.915$，$P<0.01$），COD_{Cr} 间呈极显著正相关（$r=0.832$，$P<0.01$），总碱度间呈极显著正相关（$r=0.847$，$P<0.01$），KN 间呈显著正相关（$r=0.780$，$P<0.05$），ORP 间呈显著正相关（$r=0.999$，$P<0.05$）。同时，由各指标时间变化柱状图可知，以上几个指标在地表水与地下水中的变化情况基本一致，说明这些指标在地表水与地下水中存在很强的响应关系，某种指标在地表水中的变化将迅速影响到它在地下水中的含量。

TOC 间呈正相关（$r=0.518$），$NH_3\text{-}N$ 间呈正相关（$r=0.551$），TN 间呈正相关（$r=0.654$），$NO_2^-\text{-}N$ 间呈正相关（$r=0.541$），$NO_3^-\text{-}N$ 间呈正相关（$r=0.338$），PO_4^{3-} 间呈正相关（$r=0.221$），DTP 间呈正相关（$r=0.548$），以上指标间均呈现正相关，但相关性系数较小，说明以上各指标在地表水与地下水中的响应关系较弱，并非线性或近似线性相关，主要是由于这些指标在地表水与地下水之间进行运移交换的过程中要经过物理、化学、生物等一系列复杂过程。同时，由于研究区水文地质条件如地下水水力坡度、地层结构及其组成等也会影响这些物质的运移状况、存在形态等，从而使对应指标间响应关系受到影响。

此外，KB 内 COD_{Mn} 与 KD 中氟化物呈极显著负相关（$r=-0.910$，$P<0.01$），KB 内总碱度与 KD 中氟化物呈极显著正相关（$r=0.920$，$P<0.01$），KB 内 KN 与 KD 中 TOC 呈极显著正相关（$r=0.923$，$P<0.01$），KB 内 TN 与 KD 中 pH 呈极显著正相关（$r=0.915$，$P<0.01$），KB 内 PO_4^{3-} 与 KD 内 DTP 呈极显著正相关（$r=0.895$，$P<0.01$），KB 内 SS 与 KD 中 PO_4^{3-} 呈极显著正相关（$r=0.835$，$P<0.01$）。

以上相关性分析表明，开放式研究区内地表水与地下水之间存在明显的物质运移、交换等，由于研究区周边环境、水文地质条件等的影响，响应强度存在一定差异。

5.5.3 封闭式地表水中各指标间相关性分析

由表 5-15 可知：封闭式地表水中氟化物与 COD_{Mn} 和 T 均呈极显著负相关，相关系数分别为 -0.865 和 -0.961；硫化物与 Chl-a 呈极显著负相关（$r=-0.875$，$P<0.01$），与 ORP 呈极显著正相关（$r=0.965$，$P<0.01$）；TN 与 TP 呈极显著负相关（$r=-0.878$，$P<0.01$）。

氟化物与 COD_{Cr}、总碱度、KN、Chl-a 和 DO 均呈显著相关，相关性系数分别为 -0.724、0.727、0.736、-0.735 和 0.813；COD_{Cr} 与 BOD_5 呈显著正相关（$r=0.862$，<0.05）；COD_{Mn} 与总碱度呈显著负相关（$r=-0.824$，$P<0.05$）；总碱度与 DO 呈显著正相关（$r=0.763$，$P<0.01$）；硫化物与 KN 和 $NO_2^-\text{-}N$ 均呈显著相关，相关性系数分别为 0.781 和 0.763；KN 与 Chl-a 和 T 均呈显著相关，相关性系数分别为 -0.767 和 0.913；$NO_3^-\text{-}N$ 与 SS、pH 和 T 均呈显著相关，相关性系数分别为 0.806、-0.735 和 -0.894；SS 与 T 呈显著负相关（$r=-0.918$）；Chl-a 与 T 呈显著正相关（$r=0.884$）；DO 与 T 呈显著负相关（$r=-0.894$）[144-145]。

以上相关性系数能够反映封闭式地表水体中各指标间存在不同程度的相关性，这些相关性主要是通过物理-化学-生物作用等过程实现的。

表 5-14　开放式沉陷区地表水和浅层地下水内各指标间相关性分析

KB\KD	F	COD_{Cr}	COD_{Mn}	BOD_5	TOC	总碱度	$NH_3\text{-}N$	KN	TN	$NO_2\text{-}N$	$NO_3\text{-}N$	PO_4^{3-}	DTP	TP	SS	Chl-a	DO	ORP
F	0.915**	-0.467	-0.910**	-0.794*	0.237	0.920**	-0.123	0.494	0.689*	-0.391	-0.144	0.157	-0.120	-0.629	0.073	-0.560	0.820*	0.419
COD_{Cr}	-0.351	0.832**	0.441	-0.205	-0.070	-0.214	0.106	-0.463	0.235	-0.088	-0.373	0.157	0.298	-0.125	-0.371	0.040	-0.090	0.155
COD_{Mn}	0.650	-0.430	-0.548	-0.504	0.370	0.343	0.220	0.762*	0.698*	0.161	0.382	0.196	0.343	-0.570	-0.228	-0.602	0.544	0.391
BOD_5	0.760*	-0.332	-0.834*	-0.563	0.729	0.611	0.200	0.404	0.694	0.266	0.655	0.722	0.780*	-0.107	-0.284	-0.196	0.670	-0.163
TOC	0.647	-0.536	-0.523	-0.431	0.518	0.539	0.640	0.923**	0.091	0.385	0.295	0.126	0.001	-0.423	0.431	-0.671	0.601	0.820
总碱度	0.780*	-0.505	-0.817**	-0.409	0.281	0.847**	-0.390	0.443	0.423	-0.104	0.007	-0.003	-0.151	-0.213	0.529	-0.262	0.422	-0.276
S	-0.775*	0.782*	0.517	-0.534	-0.036	-0.387	-0.094	-0.332	0.026	0.105	-0.393	-0.062	0.163	0.553	-0.525	0.543	-0.102	0.212
$NH_3\text{-}N$	0.490	-0.311	-0.241	-0.348	0.654	0.414	0.551	0.191	0.171	-0.007	0.310	0.698*	0.315	-0.390	0.388	-0.485	0.520	0.011
KN	0.502	-0.589	-0.294	-0.055	0.294	0.116	0.259	0.780*	0.226	0.461	0.667	-0.356	0.154	-0.496	0.397	-0.673	0.510	0.435
TN	0.394	-0.114	-0.498	-0.575	0.042	0.326	-0.315	0.013	0.654	-0.326	0.164	0.119	-0.077	-0.429	-0.093	-0.296	0.440	-0.043
$NO_2\text{-}N$	-0.053	-0.170	0.350	0.325	0.171	-0.272	0.525	0.341	-0.303	0.541	0.330	0.034	0.322	-0.127	0.359	-0.296	-0.098	0.462
$NO_3\text{-}N$	0.429	-0.549	-0.504	-0.302	0.309	0.449	-0.200	0.474	-0.130	0.232	0.338	-0.203	-0.412	-0.009	0.819*	-0.227	0.355	0.498
PO_4^-	0.311	-0.042	-0.289	-0.754	0.775*	0.445	-0.212	0.064	0.145	0.248	0.293	0.221	0.057	0.085	0.835**	-0.068	0.499	0.056
DTP	0.207	0.091	-0.110	-0.872*	0.770*	0.132	0.374	-0.513	0.439	0.107	0.610	0.895**	0.548	-0.115	0.002	-0.189	0.815*	-0.076
TP	0.400	0.057	-0.232	-0.470	0.607	0.531	0.033	0.006	0.265	0.149	0.174	0.453	0.244	-0.166	0.831*	-0.266	0.523	0.046
pH	0.695	-0.233	-0.699	0.283	-0.401	0.670	-0.580	0.294	0.915**	-0.358	-0.394	-0.573	-0.064	-0.443	-0.055	-0.265	-0.030	-0.231
ORP	-0.236	0.984	0.947	-0.948	0.979	0.810	1.000*	0.805	-0.602	0.888	0.960	0.986	0.062	0.885	0.882	-0.348	0.990	0.999*

注：* 在 P<0.05 水平上显著相关；

** 在 P<0.01 水平上显著相关。

表5-15　封闭式沉陷区地表水内各指标间相关性分析

FB	F	CODcr	CODMn	BOD5	TOC	总碱度	TDS	S	NH3-N	KN	TN	NO2-N	NO3-N	PO4³⁻	DTP	TP	SS	Chl-a	DO	pH	ORP
CODcr	-0.724*	1.000																				
CODMn	-0.865**	0.673	1.000																			
BOD5	-0.293	0.862*	0.679	1.000																		
TOC	0.180	0.017	0.020	0.146	1.000																	
总碱度	0.727*	-0.537	-0.824*	-0.253	0.174	1.000																
TDS	0.223	-0.335	0.035	-0.325	0.252	-0.372	1.000															
S	0.474	-0.164	0.090	0.061	0.376	0.120	0.007	1.000														
NH3-N	-0.155	0.202	0.473	0.290	0.721	-0.191	0.273	0.481	1.000													
KN	0.736*	-0.501	-0.334	0.013	0.548	0.430	0.342	0.781*	0.464	1.000												
TN	0.627	-0.186	-0.533	0.542	-0.330	0.404	0.139	0.095	-0.200	0.332	1.000											
NO2-N	-0.144	0.225	0.508	0.334	0.718	-0.242	0.131	0.763*	0.704	0.502	-0.436	1.000										
NO3-N	0.153	-0.513	-0.018	-0.633	0.064	0.307	-0.145	0.401	0.023	0.373	-0.309	0.368	1.000									
PO4³⁻	-0.334	0.130	0.583	0.205	-0.158	-0.187	-0.145	0.452	0.337	0.152	-0.161	0.484	0.642	1.000								
DTP	0.019	-0.058	0.188	-0.347	0.143	-0.530	0.413	0.471	0.041	0.154	-0.228	0.273	-0.115	-0.179	1.000							
TP	-0.329	-0.136	0.220	-0.759	0.280	-0.328	0.068	-0.037	-0.009	-0.237	-0.878**	0.225	0.235	-0.163	0.501	1.000						
SS	0.124	-0.405	-0.043	-0.596	0.415	0.320	-0.318	0.584	0.162	0.367	-0.539	0.459	0.806*	0.338	0.140	0.532	1.000					
Chl-a	-0.735*	0.628	0.458	0.357	-0.130	-0.410	-0.116	-0.875**	-0.065	-0.767*	-0.320	-0.148	-0.366	-0.027	-0.436	0.052	-0.491	1.000				
DO	0.813*	-0.346	-0.689	0.075	0.853*	0.763*	-0.257	0.512	0.033	0.676	-0.018	0.564	0.574	0.014	-0.025	0.043	0.677	-0.565	1.000			
pH	0.157	0.276	-0.412	0.522	0.028	0.225	-0.047	-0.693	-0.289	-0.271	0.427	-0.466	-0.735*	-0.709*	-0.366	-0.386	-0.699	0.437	-0.102	1.000		
ORP	0.277	0.144	0.796	0.277	0.340	0.042	-0.227	0.965**	0.624	0.624	0.094	0.729	0.259	0.682	0.767	-0.189	0.569	-0.785	0.683	-0.584	1.000
T	-0.961**	0.786	0.798	0.695	-0.237	-0.657	0.089	-0.690	0.773	-0.913*	-0.062	-0.688	-0.894*	-0.250	-0.184	-0.182	-0.918*	0.884*	-0.894*	0.775	-0.407

注：* 在 $P<0.05$ 水平上显著相关；
** 在 $P<0.01$ 水平上显著相关。

表5-16 封闭式沉陷区地表水和浅层地下水内各指标间相关性分析

FBFD	F	COD_{Cr}	COD_{Mn}	BOD_5	TOC	总碱度	NH_3-N	KN	TN	NO_2-N	NO_3-N	PO_4^{3-}	DTP	TP	SS	Chl-a	DO	pH	T
F	0.898**	-0.567	-0.831*	0.022	-0.214	0.721*	-0.364	0.524	0.846**	-0.380	0.077	-0.207	-0.191	-0.623	-0.105	-0.586	0.584	0.261	-0.843
COD_{Cr}	-0.460	0.857**	0.359	0.777	-0.366	-0.318	-0.148	-0.506	0.239	-0.155	-0.587	0.040	-0.128	-0.456	-0.572	0.441	-0.352	0.410	0.633
COD_{Mn}	0.616	-0.378	-0.243	0.191	0.325	0.325	0.544	0.843**	0.589	0.259	0.105	0.177	-0.103	-0.562	-0.063	-0.506	0.258	-0.069	-0.381
BOD_5	-0.010	-0.447	0.050	-0.304	-0.596	0.124	-0.126	-0.062	0.418	-0.442	0.558	0.617	-0.469	-0.361	-0.166	0.076	-0.637	-0.343	0.030
TOC	0.304	-0.284	0.013	-0.108	0.852*	0.281	0.839*	0.762*	-0.258	0.713	0.440	0.121	0.218	0.249	0.702	-0.483	0.793	-0.382	-0.806
总碱度	0.831*	-0.606	-0.911**	-0.726	-0.028	0.956**	-0.307	0.440	0.563	-0.386	0.193	-0.291	-0.362	-0.381	0.213	-0.549	0.777*	0.239	-0.795
NH_3-N	0.173	-0.147	-0.221	-0.361	0.313	-0.084	-0.282	0.030	-0.380	0.130	-0.053	-0.542	0.713*	0.677	0.327	-0.295	0.378	-0.010	-0.362
KN	0.762*	-0.610	-0.373	-0.089	0.131	0.336	0.133	0.875**	0.519	0.260	0.428	0.243	0.174	-0.363	0.187	-0.753*	0.488	-0.307	-0.754
TN	0.718*	-0.583	-0.710*	-0.260	-0.334	0.530	-0.238	0.325	0.852**	-0.613	-0.137	-0.275	-0.269	-0.616	-0.363	-0.371	-0.139	0.310	-0.262
NO_2-N	0.046	-0.005	0.294	-0.018	0.639	-0.322	0.385	0.488	-0.422	0.846**	0.299	0.171	0.638	0.447	0.417	-0.300	0.548	-0.418	-0.541
NO_3-N	0.183	-0.408	-0.231	-0.693	0.180	0.592	-0.123	0.226	-0.299	0.194	0.872**	0.407	-0.341	0.201	0.835**	-0.277	0.683	-0.452	-0.776
PO_4^{3-}	-0.127	0.440	0.094	0.372	0.034	-0.122	-0.357	-0.160	-0.194	0.242	-0.040	-0.059	0.351	0.168	0.159	-0.033	0.424	0.060	-0.261
DTP	-0.589	0.149	0.522	-0.367	-0.405	-0.372	0.054	-0.409	-0.467	-0.041	0.223	0.432	0.199	0.379	0.359	-0.004	-0.453	-0.653	0.211
TP	-0.311	0.761*	0.374	0.751	0.118	-0.238	0.029	-0.120	-0.087	0.402	-0.214	0.147	0.185	-0.119	-0.025	0.103	0.247	0.095	0.122
pH	0.676	-0.315	-0.730*	0.207	-0.346	0.463	-0.592	0.162	0.825*	-0.543	-0.220	-0.392	-0.213	-0.614	-0.487	-0.174	0.196	0.584	-0.539

注：* 在 $P<0.05$ 水平上显著相关；
** 在 $P<0.01$ 水平上显著相关。

5.5.4　封闭式地表水和浅层地下水中各指标间相关性分析

由表 5-16 可知：FB 与 FD 内各指标存在不同程度的相关性，氟化物、COD_{Cr}、总碱度、KN、NO_2^--N、NO_3^--N 间均呈极显著相关，相关性系数分别为 0.898、0.857、0.956、0.875、0.846 和 0.872；TOC 间呈显著正相关（$r=0.852$，$P<0.05$）。这些相关性分析表明以上各指标在封闭式研究区内存在显著的响应关系，即随着地表水中该指标含量的变化，地下水中会相应作出变化，如果是正相关则变化趋势一致，负相关则相反。

FB 内氟化物与 FD 中总碱度、KN 和 TN 均呈显著正相关，相关性系数分比为 0.831、0.762 和 0.718，FB 内 COD_{Cr} 与 FD 中 TP 呈显著正相关（$r=0.761$，$P<0.05$）；FB 内 COD_{Mn} 与 FD 中氟化物、TN 和 pH 均呈显著负相关，相关性系数分别为 -0.831、-0.710 和 -0.730；FB 内总碱度与 FD 中氟化物呈显著正相关（$r=0.721$，$P<0.05$）；FB 内 NH_3-N 与 FD 中 TOC 呈显著正相关（$r=0.839$，$P<0.05$）；FB 内 Chl-a 与 FD 中 KN 呈显著负相关（$r=-0.753$，$P<0.05$）；FB 内 DO 与 FD 中总碱度呈显著正相关（$r=0.777$，$P<0.05$）。不同指标间的相关性是各种物理、化学和生物等作用结果的集中体现，不同的相关系数表明各指标在地表水和地下水中的运移、交换等方式不同[146-147]。

以上相关性分析表明：封闭式研究区内地表水和地下水之间存在显著的物质交换作用和响应关系。

5.6　小　　结

结合沉陷区地表水和浅层地下水水量的补给关系，通过测试地表水和浅层地下水中 $\delta^{15}N$、$\delta^{18}O$、常规水质指标，进行不同观测期和不同观测孔中水质的变化特征分析，同时结合不同指标的相关性分析和水质评价，研究沉陷区水质的变化特征，分析沉陷区水质影响因素。

1. 单因子评价法与模糊数学法评价结果显示采煤沉陷区水体在 IV～V 类水间变化，地表水的特征指标为 TN，浅层地下水特征指标为 NH_3-N；地表水的变化趋势一致，而地下水的水质则是开放式沉陷区的水质略次于封闭式沉陷区，说明由于沉陷区地表水和浅层地下水之间存在着互补关系，且开放式沉陷区的越流量远大于封闭式沉陷区，且不同季节互补方向不同，地表与地下的水量交换相对封闭式沉陷区来说更剧烈，因此浅层地下水更易受到地表易迁移指标的影响。开放式沉陷区的水质相对封闭式地下水来说略差，这与内梅罗指数法的结果一致；从有机污染方面看，研究区域的地表水有机污染评价结果均为良好。

2. $\delta^{15}N$、$\delta^{18}O$ 测定表明：不同类型沉陷区的地表水和浅层地下水的 NO_3^- 来源不同。在开放式沉陷区，地表水和浅层地下水的 NO_3^- 来源基本上来自于化肥，与之有水力联系的泥河水中的 NO_3^- 主要来自于生活污水；受到地表河流的影响，水力交换条件好，其 NO_3^- 主要来自于周边农田在降雨时的地表径流的汇入，浅层地下水也受到了地表化肥的污染；封闭式沉陷区地表水中的 NO_3^- 主要来自于降水和化肥，而浅层地下水

中的 NO_3^- 来自于动物粪便和矿化的土壤有机氮。封闭式沉陷区的地表水相对孤立，水力循环条件次于开放式沉陷区，同时浅层地下水的循环也不同于开放式沉陷区，污染物的扩散面积小于开放式沉陷区。

3. 开放式和封闭式沉陷区的氮磷营养盐的特征为：无机氮组成中氨氮＞硝酸盐氮＞亚硝酸盐氮，地表水中无机氮含量高于浅层地下水中无机氮含量，封闭式沉陷区浅层地下水中的无机氮含量最低，开放式沉陷区中无机氮形态以硝酸盐氮和氨氮为主，封闭式沉陷区中亚硝酸盐氮和氨氮为主；地表水中 IN/TP、TN/TP、KN/TP 比值为开放式沉陷区大于封闭式沉陷区，而浅层地下水中则相反。采煤沉陷区地表水属磷限制性水体，开放式沉陷区由于和地表河流相连，氮的来源更广，氮磷比更大，更加体现了磷限制的特征，同时在对沉陷区水体富营养化进行预防和控制时，由于开放式沉陷区的高氮磷比的特点，在有相同外源磷输入的情况下，可能开放式沉陷区更易发生富营养化。

4. 沉陷区水质变化的影响因素有降雨蒸发、周边农田化肥农药污染、投饵养鱼、局部存在固体废物污染源等，由于污染源分布情况、土地利用功能等周边环境大致相同，整体上开放式沉陷区和封闭式沉陷区的地表水各水质指标值相差不大。在平面上，和周围农业面源汇入无关而随着降雨减小的指标为 F^-；随着降雨增加，与周边农业污染密切相关的指标有：TDS、COD、NH_3-N、KN、TN；受固体废物污染源影响的指标有 pH、总碱度、TDS、COD_{Mn}、TN；投饵养鱼对地表水及浅层地下水的有明显影响的水质指标有 COD。在垂向上，地表水和浅层地下水中部分指标具有差异性，地表水高于浅层地下水的指标有 pH、F^-、COD、COD_{Mn}、TOC、BOD、TN；浅层地下水高于地表水的指标有：总碱度、NO_3^--N、NO_2^--N、PO_4^{3-}、DTP、TP。通过相关性分析，地表水和浅层地下水有极显著正相关的指标有开放式沉陷区中的 COD_{Cr}、总碱度、氟化物、ORP、KN；封闭式沉陷区的有 F^-、COD_{Cr}、总碱度、KN、NO_2^--N、NO_3^--N。

5. 综合气象、污染源分布、土地利用等因素的影响分析可知，采煤沉陷区发生富营养化的潜在风险不可忽视，尤其是对外源磷输入的控制一定要有所预防。

6 煤矸石堆存区地表水与浅层地下水水质特征

煤炭开采与加工过程中产生了大量煤矸石等副产物,根据来源,煤矸石可分为两类[148]:一类是掘进过程中产出的岩石,包括岩石巷道和煤层巷道掘进过程中产出的岩石,又称"掘进矸",根据粒径分为粗块矸、混合矸;另一类是煤的洗选过程中排出的岩石,又称"洗选矸"。煤矸石的主要成分有碳、氢、氧、硫、铁、铝、硅、钙等常量元素,同时因成煤环境不同而常含有铬、镉等微量及痕量有害元素[149]。

煤矸石是煤矿区的典型大宗固体废弃物之一,通常作为充填基质用于采煤沉陷区土地复垦。但在高潜水位地区,在降雨、长期风化、浸泡和淋溶作用下,煤矸石中析出的元素会与周边的浅层地下水、地表河流发生水力联系,存在有害元素迁移的风险[150],是典型的采煤沉陷区水环境潜在污染源之一。在淮南潘谢矿区实施的大面积煤矸石充填的影响不容忽视。为了全面掌握典型充填区域浅层地下水情况,以淮南潘一矿西北方向的采煤沉陷积水区(目前作为潘北矿与朱集矿废弃煤矸石的自然堆存地)为研究场地,通过采集、测试不同季节的水质样品,研究煤矸石类型和堆放时间对地表水和浅层地下水水质的影响。

6.1 煤矸石区堆存概况

以淮南创大生态园煤矸石充填区域作为研究区,该区域沉陷水域周围筑坝护坡,并对沉陷较浅的稳沉区域采取剥离表土、分时段回填矸石、上覆黏土等生态治理。区内煤矸石主要是来自潘北矿和朱集矿的粗块矸、混合矸和洗选矸。淮河为邻近本区的主要河流,多年浅层地下水埋深约1.5m[151]。

按照煤矸石堆存时间和堆存范围的差异,把研究区内地表水域划分为六个区域(图6-1):Ⅰ区位于园区西南角,主要作为精养鱼塘并伴有网箱养鱼,南边为农业用地及与之隔离的小片水域,其他三面均有煤矸石隔离,堆存时间为5—6年;Ⅱ区位于Ⅰ区东侧,四周煤矸石包围,堆存时间为3—4年,绿化带良好;Ⅲ区基本位于园区中心,建有水上餐厅,四周煤矸石包围,堆存时间约为2年,水域面积较大,水力循环条件较好;Ⅳ区位于Ⅲ区的北侧,四周有煤矸石包围,堆存时间约为2年,水域面积较小,水力循环条件较差,西侧为矸石山复垦地,与东侧Ⅵ区由矸石覆土分隔;Ⅴ区位于园内西北角,主要为自然散养,水域北边主要为农业用地,其他三面均有煤矸石隔离,堆存时间为5—6年;Ⅵ区位于园区东部,正在进行矸石堆存,水域面积较大,周边主要为农业用地。

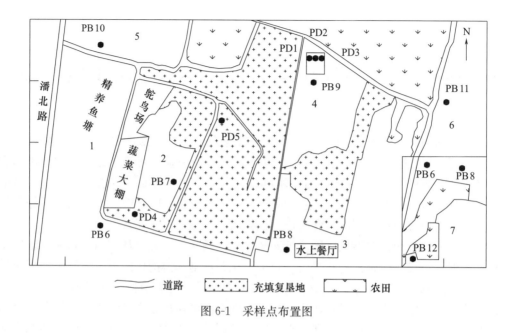

图 6-1　采样点布置图

6.2　样品采集和分析方法

在研究区中部沉陷积水区分别利用混合矸、洗选矸、粗块矸（图 6-2）进行充填复垦，建立堆存区试验田，各试验区长为 15m，宽为 20m，试验田总面积约 900m²，各类煤矸石充填厚度均为浅层地下水水位以上 2m，上覆 0.5m 厚表土。为研究不同类型煤矸石堆存对地下水环境的影响，在粗块矸、混合矸和洗选矸堆存试验区分别钻打监测孔用于采集浅层地下水水样，对应水样编号分别为 PD1、PD2 和 PD3。另外选两处堆存时间约 5—6 年的区域钻打监测孔，对应水样编号为 PD4 和 PD5。

图 6-2　不同类型煤矸石样品

监测孔套管采用 $\phi 63 \times 5.8$mm 的 PPR 冷水管，管底以上 1m 内对称钻打四列间隔 5cm 直径为 0.5mm 的侧孔，并使用尼龙纱进行多层包裹，置于浅层地下水水面以下约 1.5m，顶端高出上覆土壤表层 0.5m，总长 4m。地表水水样分别取自不同分区的水域，另选取研究区外缘正在沉陷但无煤矸石堆存的水域Ⅷ作为空白对照组。各地表水样品采集地编号依次为 PB6（Ⅰ）、PB7（Ⅱ）、PB8（Ⅲ）、PB9（1Ⅳ）、PB10（Ⅴ）、PB11（Ⅵ）、PB12（Ⅶ）。

于2014年6月至2015年3月分别采集四个季度的水样，水样采集、固定及保存均依据《水质采样样品的保存和管理技术规定》（HJ 493—2009）进行[152]，并及时运至华东冶金地质勘查局中心实验室完成分析检测。

6.3 水质监测数据

对煤矸石堆存区域的F、SO_4^{2-}、Ca^{2+}、Mg^{2+}监测结果见表6-1。

表6-1 水质监测数据

编号	pH	F（mg/L）	SO_4^{2-}（mg/L）	Ca^{2+}（mg/L）	Mg^{2+}（mg/L）
PD1	8.13±0.26	1.19±0.19	952.15±379.06	22.11±5.64	9.07±3.49
PD2	8.91±0.77	4.00±1.64	530.15±167.97	5.35±3.86	5.12±7.46
PD3	8.54±0.57	2.15±1.15	583.80±65.85	5.23±0.83	4.51±4.09
PD4	8.16±0.14	1.17±0.54	423.55±74.25	6.00±2.82	2.72±0.73
PD5	8.75±0.18	1.74±0.59	517.13±71.72	5.49±2.35	1.47±0.52
PB6	8.73±0.19	0.90±0.34	141.44±30.08	8.30±1.62	5.33±1.18
PB7	8.92±0.03	1.94±1.23	608.75±153.38	7.47±2.04	4.53±0.98
PB8	8.35±0.16	0.86±0.23	81.11±9.36	18.44±2.49	8.71±1.53
PB9	8.41±0.24	1.13±0.70	203.95±116.33	11.02±2.22	4.02±0.82
PB10	8.31±0.30	0.52±0.10	58.68±26.46	21.76±9.56	10.40±2.96
PB11	8.44±0.31	0.94±0.45	63.46±18.96	15.81±7.20	8.17±0.66
PB12	8.02±0.33	0.39±0.23	49.75±11.50	24.28±2.36	13.62±2.79

6.4 地表水水质空间变化特征

6.4.1 地表水pH空间变化特征

由图6-3可知，煤矸石堆存区内地表水均呈弱碱性，pH介于8~9。主要原因为煤矸石中含硫化物，K、Na、Ca、Mg等碱金属化合物，孔隙、裂隙中有大量的碳酸盐胶结物，经过水解、分解等化学作用，使水体中致碱离子含量增加。无矸石堆存的对照组PB12的pH为8.02，为其中最小值，其他堆存区地表水pH差异较小，说明煤矸石对水体pH的影响主要集中在堆存初期，经过长期的扩散稀释等作用逐渐趋于稳定，不同堆存区地表水pH之间的微小差异主要是受堆存时间与范围、大气降水和地表径流等因素的影响。

6.4.2 地表水F、SO_4^{2-}空间变化特征

由图6-4可知，堆存区地表水中F含量空间差异较大，PB7明显高于其他堆存区地表水，主要是因为该区四面矸石围绕，水域面积较小，没有外源水体汇入，目前作为精养鱼塘，加之淋溶、蒸发、地表径流等作用，使PB7中F含量较高。PB12中F含量最

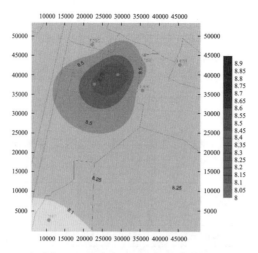

图 6-3　地表水 pH 空间变化特征

低，主要是因为该区无煤矸石堆存，且水域面积较大。说明煤矸石堆存对地表水中 F 含量影响较大，并随矸石类型、堆存条件、堆存时间及范围、大气降水、地表径流等因素而存在一定的空间差异性。

由图 6-5 可知，堆存区地表水中 SO_4^{2-} 含量空间差异较大，且均高于无矸石堆存的空白对照 PB12。PB7 和 PB9 中 SO_4^{2-} 含量分别为 608.75mg/L、203.95mg/L，均高于其他堆存区地表水，主要是因为该区水域面积小，水力循环条件差，无外源水体汇入，作为精养鱼塘，水量受蒸发与降水等因素影响较大。PB8、PB10 和 PB11 中 SO_4^{2-} 含量均较低，主要原因为这三区域水域面积较大，水力循环条件较好，主要为自然散养，水体中 SO_4^{2-} 得到了较好的扩散稀释。整体来看，煤矸石对堆存区地表水中 SO_4^{2-} 含量的影响较大，随着堆存时间的增加而呈缓慢降低并趋于稳定。

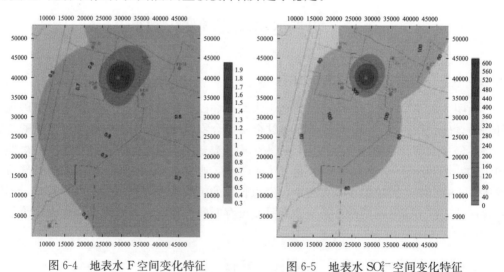

图 6-4　地表水 F 空间变化特征　　　　图 6-5　地表水 SO_4^{2-} 空间变化特征

6.4.3　地表水 Ca^{2+}、Mg^{2+} 空间变化特征

由图 6-6、图 6-7 可知，煤矸石堆存区地表水中 Ca^{2+}、Mg^{2+} 含量空间分布特征基本

类似，空间差异较大，均低于无矸石堆存的空白对照 PB12。由 pH 的空间差异性分析可知，PB12 的 pH 最低，为 8.02，说明 PB12 中致碱离子含量最低，而 Ca^{2+}、Mg^{2+} 属于碱性阳离子与水体中 OH^-、CO_3^{2-}、HCO_3^- 和 S^{2-} 等致碱阴离子结合之后生成沉淀，经絮凝沉淀后脱离水体。PB6 和 PB7 的 pH 高于其他堆存区地表水，分别为 8.73 和 8.92，因此 PB6 和 PB7 中 Ca^{2+}、Mg^{2+} 含量均低于其他堆存区地表水。整体来说，煤矸石堆存可以提高水体中的致碱阴离子，经沉淀絮凝等理化作用使水体中 Ca^{2+}、Mg^{2+} 含量降低。

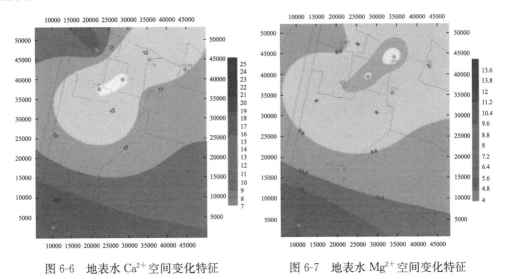

图 6-6　地表水 Ca^{2+} 空间变化特征　　图 6-7　地表水 Mg^{2+} 空间变化特征

6.5　浅层地下水水质空间变化特征

6.5.1　浅层地下水 pH 空间变化特征

由图 6-8 可知，煤矸石堆存区浅层地下水 pH 为 8.10～8.95，均呈弱碱性，空间差异较小。淮南矿区的煤多属低硫煤[153]，煤矸石中有大量的 Al、Ca、K、Na、Mg 等碱金属化合物，部分碱性物质溶解会消耗水体 H^+，当致碱离子含量高于致酸离子含量时，使水溶液呈碱性。整体来说，pH 呈 PD2＞PD5＞PD3＞PD4＞PD1，说明混合矸对水体 pH 影响最大，主要是因为表观体积相等的混合矸、粗块矸和洗选矸相比，粗块矸孔隙率最大，混合矸孔隙率最小，即混合矸与水体接触面积最大，对水体释放的碱性离子量最多，粗块矸对水体释放的碱性粒子最少，因此混合矸堆存区浅层地下水水样 PD2 的 pH 最高，粗块矸堆存区 PD1 的 pH 最小。洗选矸经过水洗之后，极大降低了表层煤泥颗粒等矿物质，同时向洗选水体中释放一定量的碱性离子，降低了堆存过程中对外围水体释放离子的数量。此外，PD5 的 pH 较大是因为煤矸石堆存约 5—6 年，且距外围地表水体较远，与地表水交换强度较弱。PD4 的 pH 较小是因为其周边为大面积采煤沉陷地表积水，加之煤矸石自身块度较大，孔隙率较高，促进了地表水与浅层地下水的交换强度，经过长期的稀释扩散等使煤矸石对水体 pH 的影响减弱。

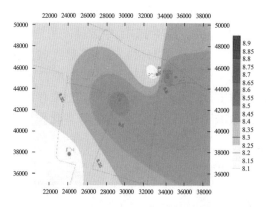

图 6-8　浅层地下水 pH 空间变化特征

6.5.2　浅层地下水 F、SO_4^{2-} 空间变化特征

由图 6-9 可知，煤矸石堆存区浅层地下水中 F 含量空间差异性较大，呈 PD2＞PD3＞PD5＞PD1＞PD4，由于混合矸中 F 含量最高；其次为洗选矸，两者相差较小，混合矸孔隙率最低，加之混合矸堆存区浅层地下水 pH 为 8.91，促进了其中 F 的析出，因此 PD2 中 F 含量最高。粗块矸堆存区 PD1 和长期堆存区 PD4 中 F 含量分别为 1.19mg/L 和 1.17mg/L，两者接近，因为试验田建立于采煤沉陷积水区，粗块矸堆存后孔隙率较高，矸石堆存区浅层地下水与外围地表水体交换通道发达，PD4 取自堆存时间 5—6 年且外围存在大面积沉陷积水，经过长时间的水力、水量交换作用，使煤矸石对水环境中 F 含量的影响存在一定稀释作用。说明煤矸石类型、堆存条件、时间和范围对水体中 F 含量均有一定影响。

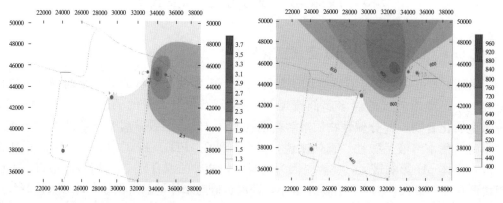

图 6-9　浅层地下水 F 空间变化特征　　　图 6-10　浅层地下水 SO_4^{2-} 空间变化特征

由图 6-10 可知，煤矸石堆存区浅层地下水中硫酸盐（SO_4^{2-}）含量空间差异性较大，呈 PD1（952.15mg/L）＞ PD3（583.80mg/L）＞ PD2（530.15mg/L）＞ PD5（517.13mg/L）＞PD4（423.55mg/L），说明粗块矸对水体 SO_4^{2-} 影响最大；其次为洗选矸，主要是煤矸石堆存区孔隙率较高，使粗块矸的浸泡更充分，溶氧含量更高，促进了硫化物的氧化过程，增加了堆存水体中 H^+ 的浓度，符合 PD1 的 pH 最小。随着堆

存时间的增加，煤矸石对水体 SO_4^{2-} 的影响程度逐渐减弱，但程度较小，说明煤矸石堆存对水体 SO_4^{2-} 的影响主要集中在堆存初期，且逐渐降低并趋于稳定。

6.5.3　浅层地下水 Ca^{2+}、Mg^{2+} 空间变化特征

由图 6-11 和图 6-12 可知，煤矸石堆存区浅层地下水中总硬度（Ca^{2+}、Mg^{2+}）中 Ca^{2+} 含量呈 PD1（22.11mg/L）＞PD4（6.00mg/L）＞PD5（5.19mg/L）＞PD2（5.35mg/L）＞PD3（5.23mg/L），Mg^{2+} 含量呈 PD1（9.07mg/L）＞PD2（5.12mg/L）＞PD3（4.51mg/L）＞PD4（2.72mg/L）＞PD5（1.47mg/L），空间差异性较大，说明粗块矸对水体总硬度影响最大；其次为混合矸，主要因为粗块矸中 Ca^{2+}、Mg^{2+} 含量较高，浸出液 pH 为 8.13，其中致碱阴离子量较低，Ca^{2+}、Mg^{2+} 化合沉淀量较小，加之粗块矸堆存区孔隙率较高，使粗块矸的浸泡更充分，加剧了分解、水解等作用。随着堆存时间和水力交换强度的增加，煤矸石对水体总硬度的影响程度逐渐小幅度减弱，说明煤矸石堆存对水体总硬度的影响主要集中在堆存初期，随着时间的增加逐渐趋于稳定。

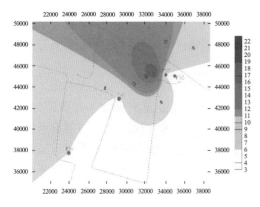
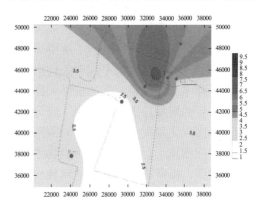

图 6-11　不同类型煤矸石浸出液 Ca^{2+} 含量特征　　图 6-12　不同类型煤矸石浸出液 Mg^{2+} 含量特征

6.6　煤矸石堆存区地表与浅层地下水硬度空间变化分析

煤矸石堆存区水体 pH 均呈弱碱性，主要原因为区内煤矸石中硫化铁含量较低，并存在 Ca、Mg、K、Na 等碱金属化合物，部分碱性物质溶解消耗水中 H^+，当碱性物质的量大于硫铁矿的量后，中和硫铁矿产生的酸，就会使溶液呈弱碱性。此外，煤矸石暴露在大气中，长期风化，硫化物氧化产生 SO_2 逸出，降低了煤矸石中的硫含量，减弱了其浸泡淋溶液的酸性。

煤矸石对外释放出某元素的量不仅取决于煤矸石中该元素含量，更多的取决于其在煤矸石中的赋存状态。刘桂建等[154]指出，在浸泡淋溶等过程中有机态微量元素较难析出，无机态特别是吸附态更易析出。煤矸石中某元素含量越高，形成释放的浓度梯度越大，初期释放速率越快。

煤矸石的粒径及孔隙率与其释放速率和浓度密切相关，张燕青等[155]研究表明，煤矸石孔隙率越小金属污染的可溶解质量越高，初期释放速率越快。不同类型煤矸石孔隙

率呈混合矸大于洗选矸大于粗块矸，因此，混合矸对水体水质的影响程度基本较高。

煤矸石堆存时间及风化程度与煤矸石的浸泡淋溶特性紧密联系，煤矸石的风化程度与堆存时间呈正相关，煤矸石堆存时间越长，其中有害微量元素向表生环境中析出的值越高，各区水质存在一定的时空差异性。梁冰等[156]指出，淋滤初期对水体释放污染组分质量浓度较高，速率较快，煤矸石风化程度越高，溶解释放的无机盐类污染物量越多；李松等[157]指出，煤矸石中微量元素的溶解释放可能需要一定的活化时间。

四个季度分别采集各堆存区地表与浅层地下水，受季节气温等影响，每次样品采集时水温差异较大。在水介质条件下，分子变化过程中部分有害微量元素游离出来并发生溶解而得到释放。Cu、Pb、Zn、Cl、F 等元素在加温条件下溶出浓度较明显变大，As、Hg、Cr 等在常温下释放浓度较低，加温条件下释放浓度较高[154]。煤矸石中不同重金属元素受温度影响的程度不尽相同，表现出的释放规律存在一定的差异性。

煤矸石堆存范围及水域面积通过水动力条件、溶解氧等的差异性间接影响水质，周辰昕等[158]研究了广西合山市里兰矿区的大型煤矸石堆后指出，动态淋溶试验是一个间歇复氧过程，促使淋溶的煤矸石反复处于风化、氧化状态，使重金属元素的形态及存在方式发生转化和重组，残余态重金属元素能够转化为可交换态。何保等[159]对辽宁铁岭调兵山市大兴煤矿煤矸石进行了淋溶试验后指出，搅动条件下，煤矸石中污染组分被淋溶得更充分，释放速率较不搅动条件更快。

大气降水、地表径流等通过影响固液比和污染物的扩散稀释而间接影响水质，随着自然降水量的增加，固液比变小，煤矸石中污染物的溶解释放速率加快。肖丽萍等[160]研究了不同风化程度煤矸石在不同固液比条件下的污染物溶解释放规律，结果显示浸泡试验中固液比越小，浸出液中污染物浓度越低，进而说明加大浓度梯度可提高污染物溶解释放速率。煤矸石中污染物的释放规律受扩散控制，污染物的固液比越大，越不利于污染物的析出。

6.7　小　　结

1. 不同煤矸石堆存区地表与浅层地下水均呈弱碱性，pH 空间差异性较小，F、SO_4^{2-}、Ca^{2+} 和 Mg^{2+} 含量空间差异性较大。F、SO_4^{2-} 含量均高于无矸石堆存的空白对照区，且随着堆存时间的增加而呈缓慢降低并趋于稳定的趋势。煤矸石堆存可以提高水体中的致碱阴离子量，Ca^{2+}、Mg^{2+} 含量均低于空白对照区。

2. 表观体积相等的混合矸、粗块矸和洗选矸相比，粗块矸孔隙率最大，混合矸孔隙率最小；不同类型煤矸石堆存区浅层地下水中 pH、F 含量呈混合矸＞洗选矸＞粗块矸；SO_4^{2-} 含量呈粗块矸＞洗选矸＞混合矸；Ca^{2+}、Mg^{2+} 含量呈粗块矸＞混合矸＞洗选矸。

3. 煤矸石对水质的影响主要集中在堆存初期，主要影响因素包括煤矸石类型与风化程度，煤矸石中元素含量与赋存状态，堆存时间与范围、温度、大气降水与蒸发、地表径流、水动力循环条件等。

7 采煤沉陷水域水生态调查与评价

7.1 研究方法

7.1.1 样品采集

在淮南潘谢矿区选取典型的封闭型和开放型沉陷积水区，在枯水期和丰水期采集微生物、浮游动植物、底栖动物样品。

封闭型沉陷水域：顾桥（C1、C2、C3）、谢家集（C4、C5、C6）、潘集（C7、C8、C9）。

开放型沉陷水域：泥河天然水域（O1～O5）、养殖区水域（O6～O10）和光伏水域（O11）。

采样点位布设如图7-1所示，采样地理坐标见表7-1。

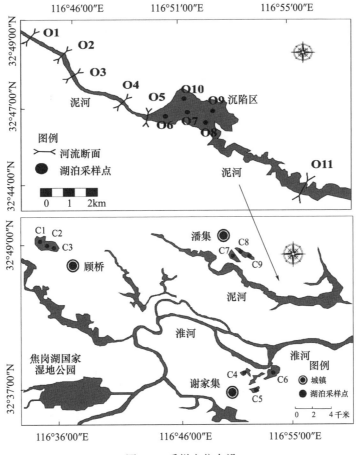

图7-1 采样点位布设

表 7-1　采样点位经纬度坐标

沉陷类型	采样点编号	纬度	经度
封闭型沉陷水域	C1	N32°49′58.02″	E116°34′4.57″
	C2	N32°49′55.75″	E116°34′4.98″
	C3	N32°49′52.18″	E116°33′49.35″
	C4	N32°32′45.30″	E116°56′3.65″
	C5	N32°32′47.99″	E116°55′49.52″
	C6	N32°37′3.04″	E116°53′31.98″
	C7	N32°49′2.93″	E116°51′30.78″
	C8	N32°49′1.20″	E116°51′27.61″
	C9	N32°49′10.98″	E116°51′40.02″
开放型沉陷水域	O1	N32°49′54.39″	E116°45′38.74″
	O2	N32°49′15.93″	E116°46′47.31″
	O3	N32°48′56.95″	E116°46′58.11″
	O4	N32°47′9.97″	E116°49′26.76″
	O5	N32°47′11.67″	E116°50′3.71″
	O6	N32°47′27.21″	E116°50′28.85″
	O7	N32°47′44.85″	E116°50′48.13″
	O8	N32°47′46.63″	E116°51′10.96″
	O9	N32°47′33.11″	E116°51′14.66″
	O10	N32°47′22.49″	E116°50′51.52″
	O11	N32°44′48.63″	E116°55′7.08″

7.1.2　分析测试

1. 微生物检测

利用 Illumina MiSeq 高通量测序技术对水体样品中的微生物进行测序[161]，由上海派森诺生物科技有限公司完成。采用 MoBio/QIAGEN 公司的 DNeasy PowerSoil Kit 对城市内河水体中的微生物总 DNA 基因组进行提取。采用荧光分光光度计（Quantifluor-ST fluorometer，Promega，E6090；Quant-iT PicoGreen dsDNA Assay Kit，Invitrogen，P7589），在 260nm 和 280nm 处分别测定 DNA 的吸光值，检测 DNA 的浓度，并用 1‰ 的琼脂糖凝胶电泳检测 DNA 的质量。调整 DNA 溶液浓度，DNA 工作液保存于 4℃，储存液保存于 −80℃。

高通量测序采用引物 F：ACTCCTACGGGAGGCAGCA 和 R：CGGACTACH-VGGGTWTCTAAT 扩增水体微生物的 16S rRNA 基因 V3～V4 区域[162]。PCR 扩增[163]首先对 16S rRNA 基因可变区进行扩增，纯化，Bio Tek 酶标仪检测。最终得到每个扩增序列变体（amplicon sequence variants，ASVs）的分类学信息。

2. 浮游植物检测

浮游植物的调查包括定性（种类组成）和定量（数量、生物量）的调查[164-166]。

（1）样品鉴定、计数

使用浮游生物计数框对浮游植物细胞数进行计数。计数方法采用视野法。预先测定所使用光学显微镜在 40X 物镜下的视野直径 $D=505\mu m$，故视野面积：

$$S=\frac{\pi D^2}{4}=192442\mu m^2$$

每个浮游植物种类至少测量足够数量的个体（一般 30 个）的长、宽、厚，根据相应几何形状计算出平均体积。

（2）现存量计算

①密度计算

浮游植物密度结果用 ind./L（即个/升）表示，把计数所得结果按下式换算成每升水中浮游植物的数量：

$$N=\frac{A}{A_C}\times\frac{V_w}{V}n$$

式中　N——每升水中浮游植物/原生动物/轮虫的数量（ind./L）；

　　A——计数框面积（mm^2）；

　　A_C——计数面积（mm^2），即视野面积×视野数；

　　V_w——1L 水样经沉淀浓缩后的样品体积（mL）；

　　V——计数框体积（mL）；

　　n——计数所得的浮游植物的个体数或细胞数/原生动物或轮虫个体数。

②生物量计算

浮游生物计算结果用 mg/L（即毫克/升）表示。

藻类比重接近于 1，故可直接由藻类体积换算为生物量（湿重）。生物量为各种藻类数量乘以各自平均体积。

藻类体积在要求不高时可根据现成资料换算。需按体积法计算时，根据藻类体型按最近几何形状测量必要量度，然后按求体积的公式计算出体积。有的藻类几何形状特殊，可分解为几个部分，分别按相似图形求算后相加。

3. 浮游动物检测

（1）鉴定

①原生动物和轮虫

将采集的轮虫定量样品在室内继续浓缩到 30mL，摇匀后取 1mL 置于 1mL 的计数框中，盖上盖玻片后在 10×10 倍的显微镜下全片计数，每个样品计数 2 片；同一样品的计数结果与均值之差不得高 15%，否则增加计数次数。定性样品摇匀后取 1mL 置于 1mL 的计数框中，盖上盖玻片后在 10×10 倍的显微镜下全片计数原生动物和轮虫种类数[167-168]。

②枝角类和桡足类

将采集的枝角类和桡足类定量样品在室内浓缩到 30mL，摇匀后取 5mL 置于 5mL 的计数框中，在 4×10 倍的显微镜下全片计数，全瓶计数。定性样品先用 1mL 或者 5mL 计数框进行种类统计，个别种类需在解剖镜下解剖后检测种类，或在解剖镜下挑选出来置于载玻片上，盖上盖玻片后用压片法在显微镜下鉴定其种类。

（2）现存量计算

①密度计算

$$D_{原、轮}=\frac{P_n}{V_n}\times V$$

式中　　Pn——计数出的原生动物或轮虫个数；

　　　　V_n——计数所用体积（mL）；

　　　　V——1L 水样经沉淀浓缩后的体积（mL）。

$$D_{枝、桡}=\frac{P_n}{V}$$

式中　　P_n——计数出的枝角类或桡足类个数；

　　　　V——水样总体积（L）。

②生物量计算

浮游动物个体平均湿重的经验值依据《淡水浮游动物的定量方法》[169]，见表 7-2，其与密度的乘积即为生物量。

表 7-2　浮游动物各类群个体平均湿重

类群	个体平均湿重（mg）
原生动物	0.00005
轮虫	0.0012
枝角类	0.02
桡足类	0.007
无节幼体	0.003

4. 底栖动物检测

（1）计量和鉴定

鉴定：软体动物鉴定到种，水生昆虫（除摇蚊幼虫）至少到科；寡毛类和摇蚊幼虫至少到属。对于疑难种类应有固定标本，以便进一步分析鉴定。水栖寡毛类和摇蚊幼虫等鉴定时需制片在解剖镜或显微镜下观察，一般用甘油做透明剂。如需保留制片，可用加拿大树胶或普氏胶等封片。

计量：按不同种类准确地统计个体数（损坏标本一般只统计头部），包括物种的数量和总数量。小型种类如寡毛类、摇蚊幼虫等，将它们从保存剂中取出，放在吸水纸吸去附着水分，然后置于电子天平（精度为 0.0001g）上称重，其数据代表固定后的湿重。大型种类如螺、蚌等，分拣后用电子天平或托盘天平称重即可。其数值为带壳湿重，记录时应加以说明[170]。

（2）现存量计算

①密度计算

底栖动物实测个体总数量除以采样总面积，即可得该种类的密度（ind./m²）。

②生物量计算

底栖动物实测总重量除以采样总面积，即可得该种类的生物量（g/m²）。

7.2　微生物群落结构与多样性

7.2.1　水体微生物群落结构与多样性

1. 微生物群落结构

两种沉陷水域（开放型、封闭型）水体微生物群落组成在门分类水平上如图 7-2 所示，枯水期研究区门水平微生物群落相对丰度较低，且封闭型采煤沉陷水域和开放型采煤沉陷水域水体门水平主要的微生物群落结构差异较大，主要有变形菌门（*Proteobacteria*）、拟杆菌门（*Bacteroidetes*）、放线菌门（*Actinobacteria*）。丰水期微生物群落在门水平上具有更高的多样性，且两种采煤沉陷水域微生物群落结构差异较小，主要包括变形菌门（*Proteobacteria*）、拟杆菌门（*Bacteroidetes*）、放线菌门（*Actinobacteria*）、蓝细菌门（*Cyanobacteria*）、疣微菌门（*Verrucomicrobia*）。

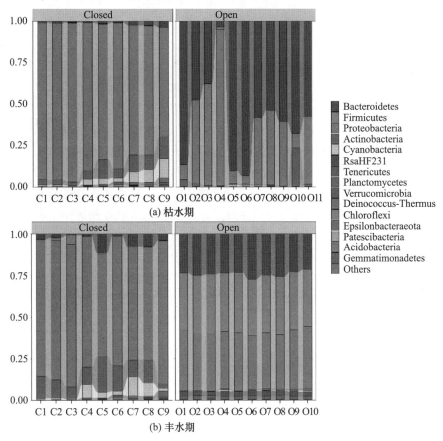

图 7-2　门分类水平下水样微生物各分类单元的相对丰度

在季节尺度上，无论枯水期还是丰水期，变形菌门（*Proteobacteria*）都是研究区的主导优势门，这与其他在天然水体中进行的研究结果一致。夏季蓝细菌门（*Cyanobacteria*）含量远超冬季，尤其在开放型水体中蓝细菌门（*Cyanobacteria*）大量激增。蓝细菌门（*Cyanobacteria*）常常在氮磷大量富集的污染水体中聚集，是水体富营养化的重要指示生物。其在富含氮、磷的污染水体中生长极为旺盛，这一点已经在对太湖、滇池和鄱阳湖等淡水湖的研究中得到了验证。一方面，丰水期温度和光照强度升高，水体环境更有利于蓝细菌门（*Cyanobacteria*）的生长，另一方面则说明丰水期泥河水体可能有大量氮、磷等污染物的排入，这可能是泥河中游生活污水大量排入和下游养殖区鱼类和动物粪便排放造成的。

在空间尺度上，两种类型沉陷水域主要的优势菌门相似，都是变形菌门和放线菌门，但由于沉陷水体所处环境和污染类型不同，各采样点的优势菌属的数量以及组内菌属的分布都存在明显的空间差异性。封闭型沉陷水域拟杆菌门（*Bacteroidetes*）含量极低，尤其在夏季，其含量低于厚壁菌门（*Firmicutes*）和绿弯菌门（*Chloroflexi*），而开放型沉陷水域却恰恰相反，拟杆菌门（*Bacteroidetes*）含量较高，其含量在冬季甚至超过了变形菌门（*Proteobacteria*），这与封闭型沉陷水域的水面光伏建设密不可分。此外拟杆菌门（*Bacteroidetes*）是自然水体中的一个优势菌门，该门中的许多细菌与哺乳动物的肠道微生物群落有关。在 ND 中厚壁菌门（*Firmicutes*）相对丰度较高，这可能与养殖区饲养的鱼类和动物未经处理的粪便直接排入有关。厚壁菌门（*Firmicutes*）是识别人类和动物粪便的重要指标之一。

2. 多样性指数分析

开放型沉陷水域水体的微生物群落 Chao1 指数大于封闭型沉陷水域（图 7-3），天然水体水样的微生物群落的丰度大于沉陷水域水样，沉陷水域水样的微生物群落Observed Species 指数、Shannon 指数以及 Simpson 指数小于天然水体水样，表明沉陷水域水样的微生物群落的物种多样性均小于天然水体水样。一方面，研究发现水体中较高的微生物多样性通常出现在中等营养水平，当营养盐含量继续升高时会降低微生物多样性，这是由于高含量的营养盐会对微生物群落进行严格的过滤，只有对高浓度营养盐有较高耐性的物种才能够生存，因此降低了群落多样性。采煤沉陷水域养殖区由于养殖投放的饲料及鱼类粪便使沉陷水域的营养盐含量高于天然水体，从而降低了沉陷水域的微生物多样性。另一方面，由于采煤沉陷水域的水体流动性较差，尤其是封闭型水域几乎没有和天然河流有水体交换，沉陷水域为微生物提供了一个稳定的缓冲环境，因此增加了同质选择的过程，降低了微生物多样性。天然河流由于较高的流动性使其能够与周边的环境进行很好的物质能量交换，例如在丰水期由于地表径流使很多的土壤微生物进入河流

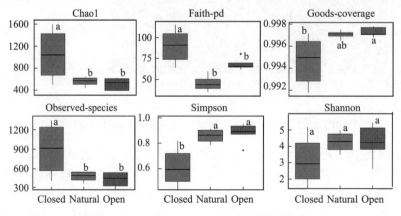

图 7-3　水样的 Alpha 多样性分析结果图

中，增加了天然河流中的微生物多样性。因此，在对采煤沉陷水域进行综合利用时要考虑沉陷水域的类型及利用强度对微生物多样性的影响。

3. RDA 分析

水体中优势物种群落组成和环境因子的冗余分析中，第一个主轴解释了 79.38% 的优势菌门群落变化，而第二主轴解释了 2.25% 优势菌门群落变化（图 7-4）。冗余分析显示，化学需氧量（COD）、透明度（SD）、总溶解固体（TDS）、pH 和电导率（EC）在研究区的水生细菌群落分布中起关键作用。这可能与封闭型沉陷水域建造水面光伏有关，造成水体一定程度的污染。此外，氧化还原电位（ORP）、总氮（TN）和总磷（TP）也在不同程度地影响着水样中细菌群落的组成。这可能与开放型水域中游居民生活区用水和下游养殖区鱼类、动物粪便排入，造成水体污染严重。拟杆菌门（*Bacteroidetes*）主要受到化学需氧量、透明度、总溶解固体、pH、电导率和氧化还原电位的影响；变形杆菌（*Proteobacteria*）与透明度、pH 和总磷呈负相关；放线菌门（*Actinobacteria*）与所有环境因子均呈负相关。这与先前的研究结果相反，先前的研究发现放线菌门对氮磷及木质素具有很好的利用能力[171]。而在本研究中发现放线菌门与所有的环境因子均呈负相关，这可能由于沉陷水域过度的人为利用导致营养物质过高，对放线菌门产生抑制作用。综上所述，由于对采煤沉陷水域过度的开发利用，引起水体中各种营养物质的浓度超过天然水体，导致物种多样性降低。

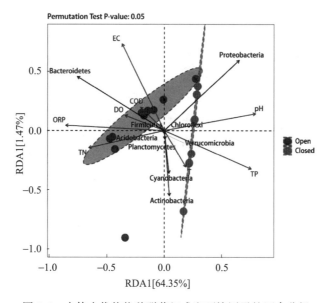

图 7-4 水体中优势物种群落组成和环境因子的冗余分析

4. 生态位及中心物种分析

不同季节开放型与封闭型采煤沉陷水域微生物群落的生态位分析结果如图 7-5 所示，封闭型沉陷水域的微生物群落生态位宽度显著大于开放型沉陷水域及天然水体，并且在丰水期与枯水期之间生态位宽度无显著变化。研究区域封闭型沉陷水域的综合利用方式为人工养殖鱼类，养殖过程中由于鱼类饲料的过度投放及粪便的堆积，导致封闭型沉陷水域水体中的氮磷等营养物质过度富集，微生物可利用的物质较丰富，其生态位宽度显著大于开放型沉陷水域及天然水体。因此，封闭型沉陷水域中较高的营养物质虽然降低了微生物多样性，但显著增加了微生物群落的生态位宽度。此外，由于封闭型沉陷水域与外界的信息及物质交流较弱而形成一个封闭环境，季节性变化（例如水体流速、流量、温度等）对微生物群落的生态位宽度影响并不显著。开放型沉陷水域微生物群落的生态位宽度在同一季节与天然水体相比无显著性差异，但在丰水期与枯水期之间开放型沉陷水域与天然水体均表现出显著的差异。开放型沉陷水域由于与天然河流相连接，受天然河流水体强烈扰动的影响其水质及生物多样性与天然水体无显著性差异，因此开放型沉陷水域的微生物群落生态位宽度与天然河流无显著性变化。但由于季节之间天然河流及开放型沉陷水域其水体流速、流量、温度等参数具有显著变化，从而导致季节之间其微生物群落生态位具有显著性差异。

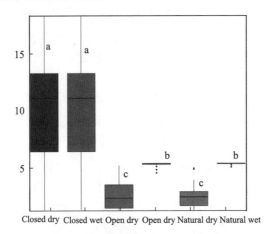

图 7-5　不同季节开放型与封闭型沉陷水域微生物生态位分析

　　不同季节开放型与封闭型采煤沉陷水域微生物群落的中心物种分析结果如图 7-6 所示，依据节点的拓扑特征将节点属性分为 4 种类型，包括：Module hubs（模块中心点，在模块内部具有高连通度的节点），Connectors（连接节点，在两个模块之间具有高连通度的节点），Network hubs（网络中心点，在整个网络中具有高连通度的节点）以及 Peripherals（外围节点，在模块内部和模块之间均不具有高连通度的节点）。研究发现采煤沉陷水域封闭型与开放型水域的大部分节点属于外围节点，只有少部分节点属于模块中心点与连接节点，而没有节点属于网络中心点。研究发现采煤沉陷水域丰水期的模块中心节点数大于枯水期，表明沉陷水域丰水期的微生物群落稳定性高于枯水期。丰水期采煤沉陷水域水体温度较高，并且营养物质丰富，环境条件有利于微生物的生长，因此微生物群落较稳定。而枯水期因水体温度较低形成强烈的环境压力，不耐寒的物种被筛选掉，降低了微生物多样性与群落稳定性。这与本研究发现丰水期微生物多样性高于枯水期的结果一致。开放型沉陷水域的模块中心节点数显著高于封闭型沉陷水域，表明开放型沉陷水域的微生物群落稳定性大于封闭型。这与本研究在生态位分析中的结果一致，开放型沉陷水域与天然河流相连接，其水体温度、营养物质等条件更有利于微生物群落多样性的维持，因此群落更稳定。而封闭型沉陷水域由于强烈的环境压力导致群落结构单一，物种多样性较低，因此微生物群落稳定性较低。丰水期开放型沉陷水域的模块中心节点包括 *Bacteroides*、*ZOR*006、*Lactococcus* 属，而在枯水期为 *Flavobacterium*

与 *Acinetobacter*。封闭型沉陷水域模块中心节点较少，丰水期为 *hgcl-clade*，枯水期
为 *ZOR*006。

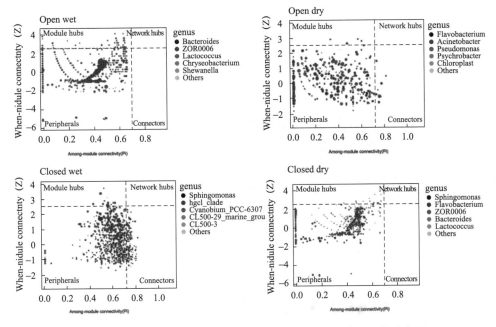

图 7-6　不同季节开放型与封闭型沉陷水域微生物群落中心物种分析

7.2.2　底泥微生物群落结构与多样性

1. 微生物群落结构

封闭型和开放型沉陷水域的底泥微生物群落组成在门分类水平上如图 7-7 所示，枯水期封闭型和开放型采煤沉陷水域底泥微生物群落在门水平上的差别较大，变形菌门（*Proteobacteria*）是封闭型沉陷水域底泥中的优势菌门，其次是放线菌门（*Actinobacteria*）和蓝细菌门（*Cyanobacteria*）。而开放型沉陷水域底泥中的优势菌门为拟杆菌门（*Bacteroidetes*），其次放线菌门（*Actinobacteria*）占据了较高的相对丰度，变形菌门（*Proteobacteria*）和蓝细菌门（*Cyanobacteria*）在开放型沉陷水域底泥的相对丰度很低。丰水期沉陷水域底泥中的优势物种与枯水期比较相似，但优势物种的相对丰度差异较大。封闭型沉陷水域底泥中的优势物种为变形菌门（*Proteobacteria*），其次为厚壁菌门（*Firmicutes*）和浮霉菌门（*Planctomycetes*）。拟杆菌门（*Bacteroidetes*）是开放型沉陷水域底泥中的优势菌门，其次为放线菌门（*Actinobacteria*）、蓝细菌门（*Cyanobacteria*）、疣微菌门（*Verrucomicrobia*）。综上所述，丰水期和枯水期采煤沉陷水域底泥微生物群落结构较相似，但开放型和封闭型沉陷水域底泥微生物群落结构具有显著性差异。

季节尺度上，变形菌门（*Proteobacteria*）是封闭型沉陷水域枯水期和丰水期中的优势菌门，其相对丰度远远高于其他菌门，这可能是由于封闭型沉陷水域中养殖鱼类投放的饲料及鱼类粪便沉积到底泥中引起的。研究发现，变形菌门通常在富营养化的水体中大量富集，并在 C、N、P 的生物地球化学循环中发挥着重要的作用[172]。养殖投放的

未经利用的饲料及鱼类粪便沉积在底泥中，导致底泥中各种营养物质的含量较高，因此变形菌门成为封闭型沉陷水域底泥中的优势菌门。此外，丰水期开放型沉陷水域底泥中蓝细菌门（*Cyanobacteria*）的相对丰度逐渐增加，其丰度高于枯水期。这与水体中研究结果相似，一方面，丰水期温度和光照强度升高，底泥环境更有利于蓝细菌门（*Cyanobacteria*）的生长，另一方面则可能是由于丰水期泥河底泥中有大量氮、磷等污染物的沉积，这可能是泥河中游生活污水大量排入和下游养殖区鱼类和动物粪便大量堆积造成的。

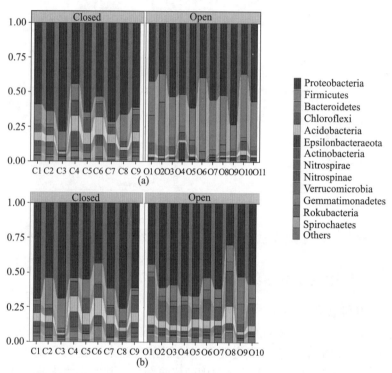

图 7-7　门分类水平下底泥微生物各分类单元的相对丰度

空间尺度上，封闭型沉陷水域底泥群落结构较为单一，以变形菌门（*Proteobacteria*）为代表的单一优势菌门占据了较高的相对丰度。这可能是环境过滤的结果，封闭型沉陷水域底泥中的营养物质浓度较高，高浓度的营养物质对微生物群落形成环境压力，只有对营养物质具有良好的消耗降解能力的物种才能够生存繁殖。因此，封闭型沉陷水域底泥中形成了以变形菌门（*Proteobacteria*）为代表的单一群落结构。这种单一群落结构稳定性较差，不能够有效抵抗外界自然和人为的扰动。而开放型沉陷水域底泥微生物群落结构更加多样化，优势物种包括拟杆菌门（*Bacteroidetes*）、放线菌门（*Actinobacteria*）、蓝细菌门（*Cyanobacteria*）、疣微菌门（*Verrucomicrobia*）。研究发现拟杆菌门（*Bacteroidetes*）能够分解纤维素和淀粉多糖，并对水生环境中各种溶解有机物的富集作出反应。拟杆菌门在开放型沉陷水域底泥中富集可能与泥河从上游沿岸汇集大量植物残体及各种有机物有关。综上所述，由于采煤沉陷水域不同的类型及人为的高强度利用，导致封闭型沉陷水域底泥微生物群落结构稳定性较差，而开放型沉陷水域底泥微生物群落结构稳定性较好，更能抵抗各种自然和人为的干扰。

2. 多样性指数分析

沉陷水域底泥微生物群落的多样性指数分布（图 7-8），各采样点的覆盖度 Goods coverage 指数都在 97％以上，开放型沉陷水域 Chao1 指数大于封闭型沉陷水域，表明封闭型沉陷水域底泥的微生物群落的丰度小于开放型沉陷水域水样，泥河上游和下游的微生物群落 Shannon 指数大于泥河中游，表明泥河上游和下游底泥的微生物群落多样性大于泥河中游。封闭型采煤沉陷水域的 Chao1 指数和 Shannon 指数变化范围分别为：1353.51～3864.41 和 6.69～7.89，平均值分别为 3235.80 和 7.24；开放型采煤沉陷水域的 Chao1 指数和 Shannon 指数变化范围分别为：2803.35～4260.69 和 7.20～7.59，平均值分别为 3258.78 和 7.34，可见，开放型采煤沉陷水域底泥微生物的 Alpha 多样性指数高于封闭型沉陷水域。开放型采煤沉陷水域由于天然河流连通，其水流流速高于封闭型沉陷水域，较高的流速增强了水体对底泥的冲刷作用，对底泥表面起到了稀释作用，因此增加了开放型沉陷水域底泥的物种多样性。其次，开放型沉陷水域与天然水体的物质信息交流更频繁，周围环境中的物种输入也能够增大其物种多样性。而封闭型沉陷水域由于封闭的特性，底泥中高含量的营养物质不能够及时与外界进行交换，从而形成了较大的环境压力，抑制了物种多样性。

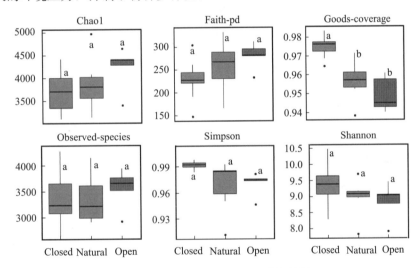

图 7-8 底泥的 Alpha 多样性分析结果

3. RDA 分析

沉陷水域底泥中优势物种群落组成和环境因子的冗余分析（图 7-9）显示，第一个主轴解释了 94.09％的优势菌门群落变化，而第二主轴解释了 4.54％优势菌门群落变化（图 7-9）。冗余分析显示，pH、TN、TP、Chla、ORP 和 DO 在研究区沉陷水域的底泥细菌群落分布中起关键作用。这与先前的研究结果一致，外界环境向沉陷水域中输入的各种营养物质小部分被截留在水体中，大部分物质会沉积在底泥中。由于采煤沉陷水域高强度的人为利用，向水域中输入了大量的营养物质，继而在很大程度上影响底泥中的微生物群落结构。此外，TDS 和 EC 也在不同程度地影响着水样中细菌群落的组成。变形菌门（*Proteobacteria*）与 TP、DO、EC 呈显著正相关，而与 pH、TDS 呈显著负相关。与水体中的发现类似，放线菌门（*Actinobacteria*）与所有的环境呈负相关。这与水体中的原因相似，先前的研究发现放线菌门对氮磷及木质素具有很好的利用能力[171]。而在本研究中发现放线菌门与所有的环境因子均呈负相关，这可能是由于沉陷水域过度的人为利用导致营养物质过高，对放线菌门产生了抑制作用。由图 7-9 可以看出，同一类型沉陷水域底泥微生物群落结构在不同季节下的主要驱动因子不同，并且各种环境因子对沉陷水域影响程度也不同，这可能与不同点位所存在的污染源不同有关。

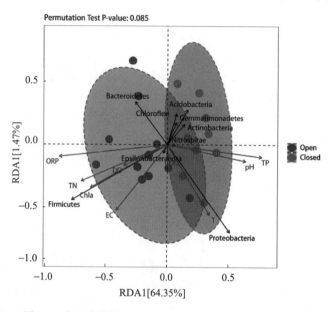

图 7-9　底泥中优势物种群落组成和环境因子的冗余分析

4. 生态位及中心物种分析

不同季节开放型与封闭型采煤沉陷水域底泥微生物群落的生态位分析结果如图 7-10 所示，封闭型采煤沉陷水域微生物群落的生态位宽度显著大于开放型沉陷水域和天然河流。这与在采煤沉陷水域水体中发现的结果一致，封闭型沉陷水域由于养殖鱼类投放的饲料及鱼类粪便大量沉积在底泥中，引起底泥中各种营养物质过度富集。先前的研究表明：生态位宽度较宽的物种最有可能表现出较高的生态可塑性和对不同气候条件的适应性，从而降低其灭绝的风险，提高其利用新栖息地的能力。封闭型沉陷水域底泥中过度富集的营养物质形成环境压力过滤掉了生态位宽度较窄的物种，生存下来的优势物种具有较宽的生态位宽度，这有利于其应对各种气候条件的变化。这与本研究中发现丰水期和枯水期之间封闭型沉陷水域微生物群落的生态位无显著性变化一致。但这似乎并不有利于整个微生物群落的稳定，封闭型沉陷水域底泥中微生物结构较单一，优势物种的相对丰度达 70%。优势物种在面对环境扰动时固然表现出较高的适应能力，但群落中的其他物种很难适应这环境扰动，因此整个群落稳定性较低。开放型沉陷水域与天然水体中底泥微生物群落生态位宽度之间无显著性差异，在不同的季节之间也无显著性差异。这与开放型沉陷水域与天然河流相连接有关，并且底泥的变化是一个长期影响的过程，因此在丰水期与枯水期之间微生物生态位宽度之间无显著变化。

不同季节开放型与封闭型采煤沉陷水域微生物群落的中心物种分析结果如图 7-11 所示，丰水期开放型采煤沉陷水域微生物群落的模块中心节点数显著大于枯水期，表明

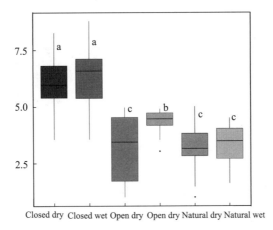

图 7-10　不同季节开放型与封闭型沉陷水域底泥微生物生态位分析

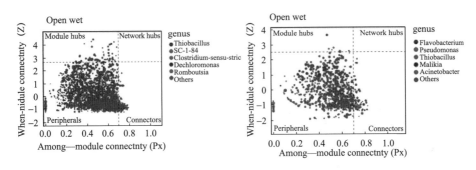

图 7-11　不同季节开放型沉陷水域底泥微生物群落中心物种分析

丰水期的微生物群落稳定性高于枯水期。这与在沉陷水域水体中观察到的结果一致，丰水期底泥中的温度、营养物质等环境条件更有利于微生物的生长，增加了其物种多样性，因此沉陷水域底泥丰水期的微生物群落稳定性大于枯水期。此外，研究发现沉陷水域底泥中有部分物种节点属于连接节点，而在沉陷水域水体中却没有发现，这表明采煤沉陷水域底泥微生物群落稳定性大于水体。丰水期开放型沉陷水域底泥中的中心物种为 *Thiobacillus*、*SC*-1-84、*Clostridium-sensu-stric*，而枯水期底泥中的中心物种为 *Thiobacillus*。

7.3　浮游动植物多样性

7.3.1　浮游动植物物种名录

由图 7-12（a）可以看出，水样中浮游动物主要由原生动物、轮虫、桡足类和枝角类动物组成，分别占比 59.06%、28.86%、6.71% 和 5.37%。由图 7-12（b）可以看出，水样中浮游植物按占比排序为硅藻门＞绿藻门＞隐藻门＞裸藻门＞金藻门＞蓝藻门＞甲藻门，分别占比为 38.92%、35.96%、9.36%、5.91%、4.93%、3.94% 和 0.99%。

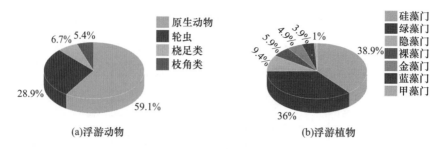

图 7-12　物种名录分布图

7.3.2　浮游动植物密度、生物量及多样性变化

由图 7-13（a）可以明显看出，沉陷水域水样的浮游动物密度明显大于泥河区水样，浮游动物种类没有明显变化，主要都是以原生动物和轮虫为主，O3、O4 点浮游动物密度明显小于塌陷区其他点位。泥河区水样的浮游动物密度有比较大的差异，可能是与采样点水质、微生物等环境因素有关。泥河区域水生浮游动物密度在 O8 点最多，在 O7 点最少。总体来看，两个区域水体中浮游动物主要有无节幼体、桡足类、枝角类、轮虫和原生动物 5 类。

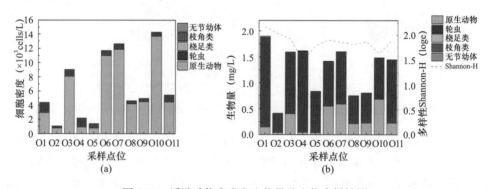

图 7-13　浮游动物密度和生物量及生物多样性图

由图 7-13（b）可以看出，沉陷水域和泥河区浮游动物大部分都是由原生动物和轮虫组成，且轮虫类的生物量明显大于原生生物和其他生物，两个区域水体浮游动物生物量在各点位之间都有明显差别，沉陷水域 O3、O4 点生物量最少，泥河区 O6 点浮游动物生物量最多，O7 点生物量最少。由图 7-13（b）还可以看出泥河和沉陷水域的浮游动物的生物多样性差别不大，沉陷水域 K1 点生物多样性最高，O10 点生物多样性最低，且由图 7-13 可以看出，从 O1 到 O5 点生物多样性有小幅度降低，泥河区 O1 点生物多样性最高，O2 点生物多样性最低。

由图 7-14（a）可以明显看出，沉陷水域水样的浮游植物密度明显大于泥河区水样，浮游植物物种类泥河区明显多于沉陷水域，沉陷水域水样浮游植物主要是以硅藻门、绿藻门和隐藻为主，从 O1 到 O4 点浮游植物密度有明显减少的趋势，O5 点浮游植物密度又出现增加，泥河区 O8 点浮游植物密度最少，O11 点浮游植物密度最少，O8 点和 O10 点浮游植物多样性最高。

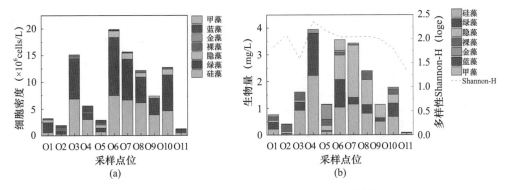

图 7-14　浮游植物细胞密度和生物量及生物多样性图

由图 7-14（b）可以看出，两个区域浮游植物生物量差异明显，从 O1 到 O4 点浮游植物密度有明显减少趋势，O5 点浮游植物生物量又出现增加，泥河区 O8 点浮游植物生物量最多，O11 点浮游植物生物量最少，甲藻在 O1 点大量出现，在其他点位出现很少，特异性比较明显。由图 7-14（b）还可以看出，沉陷水域浮游植物生物多样性差别不大，泥河区浮游植物多样性差别较大，从 O1 到 O11 点浮游植物多样性出现波动趋势，在 O5 点浮游植物多样性最高，O11 点浮游植物多样性最低。

7.4　底栖动物多样性

7.4.1　底栖动物物种名录

由图 7-15 可以看出，水样中底栖动物主要由环节动物、软体动物和节肢动物组成，分别占比 55.6%、27.8% 和 16.7%。

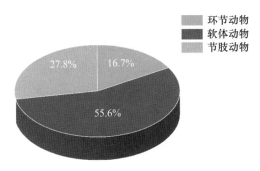

图 7-15　底栖动物物种名录分布图

7.4.2　底栖动物密度、生物量及多样性变化

由图 7-16（a）可以明显看出，沉陷水域底泥中底栖动物主要以节肢动物为主，且密度较小，在泥河区底泥中存在部分软体动物和环节动物，但仍以节肢动物为主。沉陷水域底栖动物的种类和密度均小于泥河河段中底栖动物的种类。

由图 7-16（b）可以看出，沉陷水域和泥河区中底栖动物生物量总体偏少，部分点

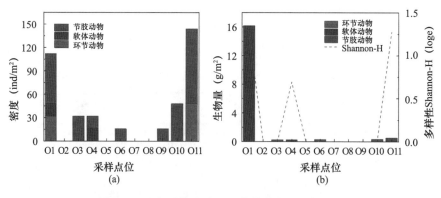

图7-16　底栖动物密度和生物量及生物多样性图

位没有检测到相关底栖动物。沉陷水域底栖动物生物量小于泥河区，其中沉陷水域 O1、O5 点检测到一部分，其余点均未检测到，而在泥河河段中，O6 点底栖动物生物量明显大于其他点位，且以软体动物为主，说明该区域水生态环境比其他点位更适合底栖动物的生存。

结合上述底栖动物密度和生物量的结果以及 Shannon 指数可知，泥河和沉陷水域的底栖动物的生物多样性差别明显，沉陷水域底栖动物稀少，导致其生物多样性偏低甚至为零。泥河中点位 O6、O8、O11 检测到一定的底栖动物，O6 和 O11 点生物多样性相差不大，说明具有相似的适合底栖动物生存环境。

7.5　鱼类群落结构

7.5.1　天然水域——泥河上游鱼类状况

淮河流域安徽段地处黄淮海平原地，水系发达，鱼类组成较为复杂，根据李思忠（1981）的鱼类分布区划，可将淮河流域安徽段重点湿地的鱼类分为四个复合体，分别为：（1）中国江河平原鱼类复合体，共 31 种，占总数的 47.69%，为该地区的优势种群，如草鱼、青鱼、鳡鱼、鲢鱼、唇鲴等；（2）古第三纪鱼类复合体，共 11 种，占总数的 16.92%，如鲤、鲫、泥鳅、麦穗鱼等；（3）南方平原鱼类复合体，共 18 种，占总数的 27.69%，如乌鳢、黄颡鱼、长吻鮠、刺鳅、黄鳝等；（4）海水鱼类复合体，共 7 种，占总数的 10.77%，如银鱼、短颌鲚、刀鲚等。在食饵联系上，杂食性鱼类有鲤、鲫、银飘鱼等；食浮游生物鱼类有鲢、鳙等；食水生植物鱼类有草鱼、团头鲂、鳊、三角鲂、赤眼鳟等；食底栖无脊椎动物鱼类有青鱼、棒花鱼、鲹条等；肉食性鱼类有鳜鱼、乌鳢、鲌类、鳡鱼等；漂浮（流）性产卵鱼类有鲢、鳙、赤眼鳟等；保护性产卵的鱼类有乌鳢、黄颡鱼、麦穗鱼、棒花鱼等。

泥河是淮河支流，通过文献调研和现场调查，鱼类的调查中共收集鱼类 65 种，隶属于 8 目 17 科（表7-3）鳗鲡目 1 科 1 种，占总数的 1.54%；鲤形目 2 科 39 种，占总数的 60.00%；鲱形目 2 科 2 种，占总数的 3.08%；鲶形目 2 科 4 种，占总数的 6.15%；鲈形目 7 科 12 种，占总数的 18.46%；鲑形目 1 科 4 种，占总数的 6.15%；

鲱形目1科2种，占总数的3.08%；合鳃鱼目1科1种，占总数的1.54%。从鱼类区系组成情况来看，鱼类以鲤科鱼类占绝对优势，占全部鱼类资源的56.92%。

表7-3　淮河安徽段鱼类名录

目，科，种	泥河	高塘湖	沱湖	瓦埠湖	焦岗湖
鳗鲡目 *Anguilliformes*					
鳗鲡科 *Anguillidae*					
1 鳗鲡 *Anguilla japonica*（T. et S.）	+	+		+	
鲤形目 *Cypriniformes*					
鲤科 *Cyprinidae*					
2 南方马口鱼 *Opsarichthys uncirostrisbidens*（Gunther）	+	+			
3 鳘条 *Hemiculter leucisculus*（Basile wsky）	+	+	+	+	+
4 银飘鱼 *Pseudolaubuca sinensis*（Bleeker）	+	+	+		
5 红鳍鲌 *Cultererythropterus*（Basile wsky）	+	+	+		+
6 青梢红鲌 *Erythroculter dabryi*（Bleeker）	+	+	+		
7 蒙古红鲌 *Erythroculter mongolicus*（Basile wsky）	+	+	+		
8 翘嘴红鲌 *Erythroculter iliafomis*（Bleeker）	+	+			
9 三角鲂 *Megalobrama terminalis*（Richardson）	+	+	+	+	+
10 团头鲂 *Megalobrama ambiycephala*（Yih）	+	+	+	+	+
11 长春鳊 *Parabramis pekinensis*（Basile wsky）	+	+	+	+	
12 华鳈 *Sarcocheilichthys sinensis sinensis*（Bleeker）	+	+			
13 黑鳍鳈 *Sarcocheilichthys nigripinnisnigripinnis*（Gunther）	+	+			
14 棒花鱼 *Abottina rivularis*（Basile wsky）	+	+	+	+	+
15 花鱼骨 *Hemibarbus maculatus*（Bleeker）	+	+			
16 麦穗鱼 *Pseudorasbora parva*（T. et S.）	+	+		+	
17 草鱼 *Ctenopharyngodon idellus*（C. et V.）	+	+	+	+	+
18 青鱼 *Mylopharyngodon piceus*（Richardson）	+	+	+	+	+
19 鳙鱼 *Aristichthys nobilis*（Richardson）	+	+	+	+	+
20 鲢鱼 *Hypophthalmichthys molitrix*（C. et V.）	+	+	+	+	+
21 鳡鱼 *Elopichthys bambusa*（Richardson）		+	+	+	
22 赤眼鳟 *Squaliobarbus curriculus*（Richardson）	+	+			
23 鲤 *Cyprinus carpio Linnaeus*	+	+	+	+	+
24 鲫 *Carassius auratus auratus Linnaeus*	+	+	+	+	+
25 逆鱼 *Acanthobramm simony*（Bleeker）	+	+			
26 寡鳞飘鱼 *Pseudolaubuca engraulis*（Nichols）		+			
27 油鳘条 *Hemiculter bleekeri bleekeriWarpachowsky*		+			

续表

目，科，种	泥河	高塘湖	沱湖	瓦埠湖	焦岗湖
28 银鲴 *Xenocypris argentea*（Gunther）		+			+
29 黄尾鲴 *Xenocypris davidi*（Gunther）		+			+
30 细鳞斜颌鲴 *Xenocypris microlepis*（Bleeker）		+			
31 中华鳑鲏 *Rhodeus sinensis*（Gunther）	+	+			
32 高体鳑鲏 *Rhodues ocellatus*（kner）	+	+			
33 班条刺鳑鲏 *Acanthorhodeus taenianalis*（Gunther）	+	+			

续表

目，科，种	泥河	高塘湖	沱湖	瓦埠湖	焦岗湖
34 大鳍刺鳑鲏 *Acanthorhodeus macropterus*（Bleeker）	+				
35 蛇鮈 *Saurogobio dabryi*（Bleeker）	+	+			
36 似刺鳊鮈 *Paracanthobrama guichenoti*（Blecker）	+	+			
37 班纹唇鮈 *Chilogobio mnculatus*（Gunther）		+			
38 圆筒吻鮈 *Rhinogobio cylindricus Gunther*		+			
鳅科 *Cobitidae*					
39 泥鳅 *Misgurnus anguillicaudatus*（Cantor）	+	+	+	+	+
40 花鳅 *Cobitis taenia Linnaeus*		+	+	+	
鳉形目 *Cyprinodontiformes*					
颌针鱼科 *Hemiramphidae*					
41 鱵 *Hemirhamphus intermedius Canter*	+	+			
42 青鳉 *Oryziar latipes*（Schlegel）		+			
鲇形目 *Siluriformes*					
鮠科 *Bagridae*					
43 黄颡鱼 *Pelteobagrus fulvidraco*（Richardson）	+	+	+	+	+
44 中间黄颡鱼 *Pelteobagrus intermedius*（Nichols et Pope）	+	+			+
45 长吻鮠 *Leiocassis Longirostris Gunther*		+	+	+	
鲇科 *Siluridae*					
46 鲇鱼 *Silurus asotus Linnaeus*	+	+	+	+	+
鲈形目 *Perciformes*					
鮨科 *Serranidae*					
47 鳜 *Siniperca chuatsi*（Basilensky）	+	+	+	+	+
48 斑鳜 *Siniperca scherzeri*（Steindachner）		+			
49 长体鳜 *Siniperca roulei Wu*		+			
50 乌鳢 *Ophicephelusargus*（Cantor）	+	+	+	+	+
51 黄鱼幼 *Hypseleotris swinhonis*（Gunther）		+	+	+	
52 沙塘鳢 *Odontobutis obscurus*（T. et S）	+				+

目，科，种	泥河	高塘湖	沱湖	瓦埠湖	焦岗湖
斗鱼科 *Bclontiidae*					
53 圆尾斗鱼 *Macropodus chinensis*（*Bloch*）	+	+			
54 刺鳅 *Mastacembelus aculeatus*（*Basilcwsky*）	+	+		+	
鰕鯱鱼科 *Gobiidae*					
55 子棱栉虾虎鱼 *Ctenogobius giurinus*（*Rutter*）		+			
鳗鰕鯱鱼科 *Taenioididae*					
56 红狼牙虾虎 *Odontamblyopus rubicundus*（*Hamilton-Buchonan*）	+	+			
57 盲狼虾虎鱼 *Taenioides caeculs*（*B. et S*）		+			
58 吻虾虎 *Rhinogobus giurinus*（*rutter*）	+				
鲑形目 *Salmonoidei*					
银鱼科 *Salangidae*					
59 银鱼 *Hemiraj anxlilghathua Regan*	+	+	+	+	
60 小银鱼 *Neosalanx tangkahkeii taihuensis Chen*					+
61 大银鱼 *Protosalanx Hyalocranius*（*Abbott*）	+	+	+		
62 寡齿新银鱼 *Neosalanx oligodontis Chen*		+			
鲱形目 *Clupeiformes*					
鳀科 *Engraulidae*					
63 短颌鲚 *Coilia Brachygnathus*（*K. et P*）		+			
64 刀鲚 *Cpilia ectenes Jorden et Seale*	+	+	+	+	+
合鳃鱼目 *Synbranchiformes*					
合鳃鱼科 *Synbranchidae*					
65 黄鳝 *Monopterus Alhus*（*Zuiew*）	+	+	+	+	+

7.5.2　采煤沉陷水域中鱼类状况

目前研究区采煤沉陷水域大多作为渔业养殖水域（图 7-17），通过询问当地渔民、调查鱼类生鲜市场，沉陷水域养殖的鱼类主要包括青鱼（*Mylopharyngodon piceus*）、草鱼（*Ctenopharyngodon idella*）、鲢鱼（*Hypophthalmichthys molitrix*）和鳙鱼（*Aristichthys nobilis*）著名四大家鱼，这些鱼类分别分布在水体的上、中、下层，既科学利用了水体空间又充分利用了饵料生物。养殖鱼类的食物通常以沉陷水域的浮游动植物、底栖动物等为主，辅以人工养殖饵料，如麸皮、糠粉、熟红薯、豆粉、米粒、青草等。

针对不同规模的水域、鱼类生长的环境以及渔民投入的资金，通常采用的养殖方式有粗放养殖模式、半精养模式和精养模式几种。粗放养殖模式应用较为广泛，主要适用于经济投入较为薄弱的养殖户，即在水中放养鲤、鲫、草、鲢、鳙等常规鱼类，以投喂麸皮、米糠、菜叶等易得饲料为主。

图 7-17   沉陷水域鱼类养殖——四大家鱼

7.6   沉陷水域水生态环境评价指标体系构建

7.6.1   生态环境质量评价技术选择

常见的水生生物评价方法有生物完整性指数法（IBI）、预测模型法和欧盟水框架指令（WFD），评价模型的选择方法参照图 7-18。评价框架主要包括评价要素的构成、选择的评价指标和应用的评价方法，以及每种方法的应用条件。通过文献调研，初步提出了采煤沉陷水域的水生态环境质量评价技术体系（图 7-19）。

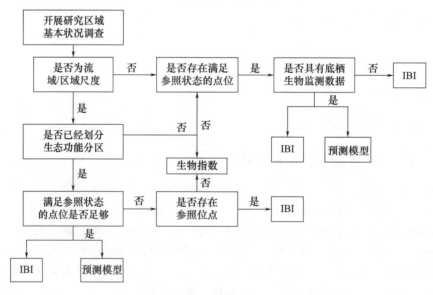

图 7-18   水生生物评价方法选择技术路线

7.6.2   参照点位确定

参照状态的确定是进行水环境生态健康评价的前提，是比较并监测环境损伤的基

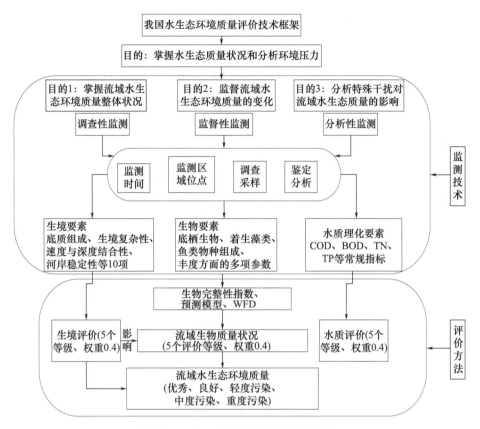

图 7-19 水生态环境质量评价技术体系

准。可以根据评价目的选择两种参照位点即区域参照位点和特定参照位点。

1. 区域参照位点

一般来说，水生生物群、生境、物理和化学水质参数常被用作评价区的参考，一些未受干扰或受干扰较少地区的参考点则代表评价区的自然生态梯度。这类参考点更适合于建立水域或流域尺度的生态健康基准，用于评价资源利用损害或影响，并制定相应的水质标准及监测网络。然而，区域参考点有一些局限性，即在人类活动频繁的地区或人类活动变化较大的系统中往往找不到合适的参考点。在这种情况下，可以借助历史数据或简单的生态模型确立参照状态，也可以根据现有的最佳状态以及环境治理目标作为参照状态。

2. 特定参照位点

特定参考点通常是点源上游的一个或多个点，这种类型的参考条件可靠性有限，不适合监测或评价大面积（流域及其以上范围）。然而，这样的基准也有一个好处，那就是减少因生境改变而产生的复杂性，消除其他点源和扩散源的损害，并提高准确性。因此，考虑到工作的范围和调查内容的可行性，确定了以下两个原则来确定特定参考位点。

（1）物理生境状态：调查区域没有明显的人类干预的迹象，上游没有污染点源，河岸植被状况良好。

（2）水生生物学状态：存在洁净水的指示性昆虫。

7.6.3 生物指标评价

生物指标评价通常以生物完整性指数和预测模型法对水生生物的生长状况进行评价，可选择其中一种或几种评价方法对监测水域进行评价。

1. 生物完整性指数法评价

生物完整性指数评价（IBI）的技术路线如图 7-20 所示，需按照《流域水生态环境质量监测技术规范》要求，对大型底栖动物、藻类的定性（或定量）采集和鉴定进行分析，记录其定性定量分析数据并评价赋分。

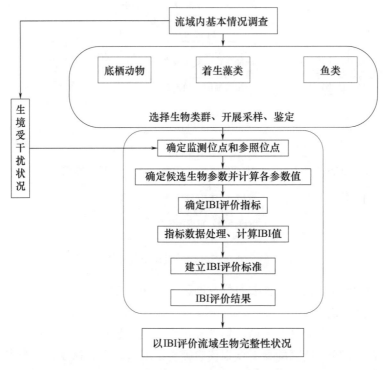

图 7-20　生物完整性指数评价（IBI）路线

（1）生物参数指标的选取

为评价沉陷区水生物质量，选取了 23 个常规水生生物参数作为生物丰富度、物种组成和耐受性或敏感性的指标（表 7-4）。

表 7-4　候选生物参数

生物	丰富度	物种组成	耐受性/敏感性
底栖动物	底栖动物总类别数（N1） 密度（N2） 摇蚊种类别数（N4） 敏感种种类别数（N5） 敏感物种数量（N7） 耐污种类别数（N9） 耐污种数量（N11）	优势种物种比例（N3） 敏感物种不同类别种种的比例（N6） 敏感物种数量比例（N8） 耐污种不同类别物种比例（N10） 耐污种数量比例（N12） Shannon-H 多样性指数（N13）	BMWP 记分系统（N20）

生物	丰富度	物种组成	耐受性/敏感性
浮游植物	浮游植物总分类单元数（N14） 着生藻类密度（N15）	Shannon-H 多样性指数（N17） Pielou 均匀度指数（N18）	优势种的污染指数值（N16） Palmer 指数（N19）
浮游动物	浮游动物总分类单元数（N21） 浮游动物密度（N22）	Shannon-H 多样性指数（N23）	

（2）生物参数指标中指数的计算方法

①Shannon-H 多样性指数：

$$H = -\sum_{i=1}^{s} \left(\frac{n_i}{n}\right) \log_2 \left(\frac{n_i}{n}\right)$$

式中　H——多样性指数；

n——大型底栖动物（藻类）总体个数；

S——大型底栖动物（藻类）种类数量；

n_i——第 i 种底栖动物（藻类）个体数量。

Shannon-H 多样性指数评价标准：$H>3.0$ 属于清洁，H 在 $3.0 \sim 2.0$ 之间属于轻度污染，H 在 $2.0 \sim 1.0$ 之间属于中污染，H 在 $0 \sim 1.0$ 属于重污染，$H=0$ 属于严重污染。

②Pielou 均匀度指数：

$$J = \frac{H}{\log_2^s}$$

式中　J——均匀度指数；

H——Shannon-H 多样性指数；

S——藻类的属数。

Pielou 均匀度指数评价标准：J 在 $0 \sim 0.3$ 属于重污染；J 在 $0.3 \sim 0.5$ 属于中污染；J 在 $0.5 \sim 0.8$ 属于轻污染；J 在 $0.8 \sim 1$ 属于无污染。

③BMWP 记分系统：

BMWP 评分系统（表 7-5）以科分数为基础，将样本中所有科的分数相加，得到一个 BMWP 分数。如果在样本的某一部分只发现一个或两个实例，该部分不得分。

表 7-5　生物指标的分级评价标准

BMWP 记分系统	Chandler 指数	Shannon-H 生物指数	耐污生物 指数 BI	Palmer 藻类 污染指数	IBI 生物指数	赋分 情况
＞100		＞3.0	0～4.25		优	5
71～100	＞300	2.0～3.0	4.26～5.07		良好	4
41～70		1.0～2.0	5.76～6.50	＜15	中等	3
11～40	45～300	0～1.0	6.51～7.25	15～19	较差	2
0～10	0	0	7.26～10	＞20	很差	1

④Palmer 藻类污染指数（表7-6）：

根据对污染的抵抗力，耐有机物的藻类被划分为 20 个属，这些属被赋予不同的污染指数值。监测位点的水环境状况是用一系列的污染指数值来评价的。污染指数被分配给样品中存在的藻类，计算出总的污染指数，并根据 Palmer 评估标准对水体进行评估（表7-7）。

表 7-6　Plamer 藻类污染指数值

属名	污染指数值	属名	污染指数值
集胞藻属	1	微茫藻属	1
纤维藻属	2	舟形藻属	3
衣藻属	4	菱形藻属	3
小球藻属	3	颤藻属	5
新月藻属	1	实球藻属	1
小环藻属	1	席藻属	1
裸藻属	5	扁裸藻属	2
异极藻属	1	栅藻属	4
磷孔藻属	1	毛枝藻属	2
直链藻属	1	针杆藻属	2

表 7-7　Plamer 评分标准

指数	污染状况
＞20	重污染
15～19	中污染
＜15	轻污染

⑤IBI 生物指数综合评分：

计算 IBI 指数采取 95％四分法。95％四分法是基于参照点位的指数值分布，95％是最佳值，低于此值的分布分 5 个等级分步骤进行评分，第一个接近 95％四分法的分数代表受干扰较少的地点。IBI 一般按 5 级评分从上到下依次为：优、良、中、差、很差。

2. 预测模型法评价

预测模型评价技术路线如图 7-21 所示。

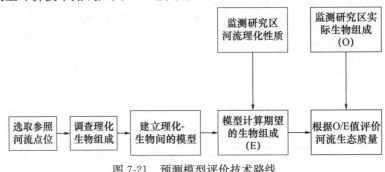

图 7-21　预测模型评价技术路线

模型计算过程：

①参照样本分组：Bray-Curtis 系数被用来计算样本单位之间的相似度。罕见的物种必须从统计计算中排除，然后用聚类分析对参考样本进行聚类。

②判别分析：使用逐步多重判别函数（DFA）分析对环境变量进行排序，以找到生境构成的最佳环境变量；试验中测量的所有环境变量都包括在排序中，环境变量在被纳入排序前必须经过标准化处理。

③期望值 P_i 的计算：期望值 P_{ij} 计算方法是 j 样本所属第 N 组的可能性与 i 分类单元在 N 组出现可能性的乘积之和，即：

$$P_i = \sum_{j=1}^{N} Q_j q_{ij}$$

式中　N——组数；

Q_j——调查监测样本所属 N 组中的可能性；

q_{ij}——i 物种在 N 组中发生的可能性。

q_{ij} 计算方法为：

$$q_{ij} = r_{ij}/n_{ij}$$

式中　r_{ij}——物种 i 在 j 组中出现的次数；

N_{ij}——j 组中的样本总数。

④模型验证：

使用箱线图方法分析验证和模拟样本之间的 O/E 分数分布，并与第 25 和 75 百分位数范围的重叠进行比较，即分配不同的 IQ 值（四分位数范围）。IQ＝3 表示单元格不重叠；IQ＝2 表示单元格部分重叠，但每个中值都在另一个单元格的范围内；IQ＝1 表示只有一个中值在另一个单元格的范围内；IQ＝0 表示每个中值都在另一个单元格的范围内；IQ＝0，无判别作用；IQ＝1，低判别作用；IQ＝2，较高判别作用；IQ＝3，高判别作用。

表 7-8　采煤沉陷水域水生态环境评价各级指标的权重

要素层	权重	指标层	相对权重
水质指标	0.15	溶解氧（DO）	0.43
		化学需氧量（COD_{cr}）	0.19
		pH	0.38
营养盐指标	0.25	总氮（TN）	0.23
		总磷（TP）	0.39
		氨氮（NH_4^+）	0.38
微生物指标	0.1	物种丰富度	0.50
		香农多样性指数	0.50
浮游植物指标	0.15	物种丰富度	0.65
		物种多样性	0.35
浮游动物指标	0.15	物种丰富度	0.65
		物种多样性	0.35

要素层	权重	指标层	相对权重
底栖动物指标	0.1	物种丰富度	0.36
		物种多样性	0.64

7.6.4 生境指标评价

生境指标的调查要遵循两个原则。首先，指标与水生动植物的质量密切相关，指标的变化可能在一定程度上影响水生生物；其次，生境指标应易于研究和获取。选取流域的基质组成、生境复杂性、速度和深度组合等 10 项指标来调查和评价河流流域的生境质量（表 7-9）。这些指标与生物的质量状况关系密切，且在水生态评价研究中得到比较广泛的应用。

表 7-9　常见的生境评价指标和评分情况

序号	评价指标	评分			
1	水体底部表层沉积物质	75% 以上是砾石、岩石和石灰石，其余是细沙和其他沉积物	50%～75% 是砾石、岩石和石灰石，其余是细沙和其他沉积物	25%～50% 是砾石、岩石和石灰石，其余是细沙和其他沉积物	少于 25% 砾石、岩石和石灰石，其余是细沙和其他沉积物
2	栖息环境复杂程度	各种小的栖息地，有水生植物、枯树、倒下的树木、翻倒的歪岸和岩石	有两种或三种小栖境为主	以一种或两种小栖境为主	以一种小栖境为主且底质多为淤泥或泥沙
3	速度与深度结合特性	慢-深、慢-浅、快-深、快-浅 4 种类型均有	有三种情况出现	有两种情况出现	有一种情况出现
4	河岸稳定性	稳定的河岸，没有侵蚀的迹象，在研究区域的 100m 范围内，河岸受损的比例小于 5%	岸边相对稳定，每 100m 研究区域的侵蚀率为 5%～30%	30%～60% 的研究区域（100m）容易受到侵蚀，在洪水期间可能面临更大的风险	研究区域内 60% 以上的河岸（100米）被侵蚀
5	水域河道变化	河流保持着正常的路线，几乎没有渠道	渠道化不太常见，主要是在桥墩和周围，对水生生物的影响较小	渠道化更为广泛，发生在两岸都有桥墩或桥台的地方，对水生生物有一些影响	岸边用铁丝和混凝土固定，这对水生生物有很大影响，完全改变了生境
6	水域水量情况	河流被淹没的大面积水域，或河流的一小部分被暴露	洪水和河水淹没了约 75% 的通道	河流泛滥时的平均水量约为河道的 25%～75%	水很浅，河水很干

序号	评价指标	评 分			
7	植被多样性	河岸线周围有许多类型的植物，大面积的河岸植被超过50%	围绕河岸线的许多植物类型，中等面积，超过50%~25%的河岸植被	河岸线周围的植物类型相对较少，面积小，河岸植被不足25%	河岸几乎没有植物
8	水质状况	非常清澈，没有异味，河水平静时没有沉积物	河流平静时，液体较多，气味轻微，沉积物少	浑浊，有臭味，河水停止后有沉积物	刺激性气体被释放出来，停止后河水中有大量的沉积物
9	人类活动强	几乎没有人类活动	几乎没有人类的干扰，很少有路人或骑自行车的人	人类干扰大，很少有骑自行车的人经过	人为干扰大，大车道上有往来车辆
10	河岸土地利用类型	河流两边没有农业用地，土壤中含有丰富的营养物质	河的一边没有可耕地，另一边是可耕地	河岸两边耕作土壤，需要施加化肥和农药	在河岸的两边，有一层没有被耕种过的裸露土壤，养分很差
		20 19 18 17 16	15 14 13 12 11	10 9 8 7 6	5 4 3 2 1

根据《河流水生态环境质量评价技术指南》（试行），利用"生境评价表"获得监测点的生境评分，对以上10个指标被分别评价。每个监测断面生境总分由10项参数分值累加计算，评价标准列于表7-10。生境评价的技术路线（图7-22）。

表7-10 生境质量（H）的分级评价标准

得分分值	等级	赋分
$H>150$	无干扰	5
$120<H<150$	轻微干扰	4
$90<H<120$	轻度污染	3
$60<H<90$	中度污染	2
$H<60$	重度污染	1

生境调查方法采用视觉观察评价的方法，现场记录生境指标状况，通过生境评分表7-10对观察结果定量。因为评价基于调查人员的主观判断，人为主观性比较大。研究中一般需要两名调查人员同时对研究区域各种生境指标进行观察，并将两者评分均值作为最终结果，以保证观察评价结果尽量准确。

7.6.5 水质指标评价

沉陷水域水质指标选取包括常规指标和特征因子：① 普通参数：pH、DO、电导率、COD、TP、TN；② 沉陷水域特征因子：超标率以及特征污染物。水质监测评价技术路线（图7-23）。

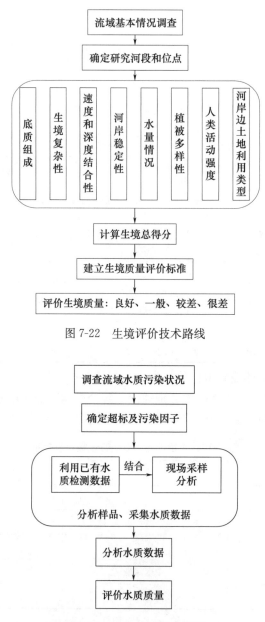

图 7-22　生境评价技术路线

图 7-23　水质评价技术路线

水质评价从初步调查水污染状况开始，利用文献、历史数据和调查结果，确定超标率和河流流域特有的污染因素，以确立水质监测指标。依据《地表水环境质量标准》（GB 3838—2002）确定标准阈值，根据标准的阈值对不同功能区的水质类别进行评价。最后，基于不同水质等级进行评价计算分值，评价标准如下：一类水质计 5 分；二类水质计 4 分；三类水质计 3 分；四类水质计 2 分五类水质及以下水质计 1 分。

7.6.6　水生态环境质量综合评价

水生态环境质量综合指数（WQI）被用来全面评价水生生态系统的质量。这个综合指数包括三个方面评估参数：物理生境、物理和化学水质参数以及水生生物。

1. 水生态环境质量综合指数

水生态综合指数（WQI）用于全面评价水体的生态完整性和生态受破坏程度，生境、物理化学水质和水生生物在本研究中推荐权重是0.2、0.4、0.4，用于加权计算，也可以基于不同水体中对这三种要素的不同保护措施来增加或减少权重系数，具体数值见表7-11，最后将物理生境、物理化学水质和水生生物要素加权求和计算WQI总分值，采用5级评价方式。

$$\text{WQI} = \sum_{i=1}^{n} x_i W_i$$

式中　WQI——水和环境质量综合指数；

x_i——赋分值；

w_i——各评价要素权重。

表 7-11　建议权重分配表

指标	分值范围	建议权重
水化学因子	0～5	0.35～0.45
水生生物	1～5	0.35～0.45
物理生境	1～5	0.10～0.30

2. 标准与分级

根据WQI值，将水环境状况分为优秀、良好、轻度污染、中度污染和重度污染五个等级，具体指数结果和质量分类见表7-12。

表 7-12　水生态环境质量分级标准

WQI	评价等级	水生态环境质量的描述
4≤WQI<5	优	当很少或没有干扰时，水生生态系统处于最佳状态
3≤WQI<4	良好	当受到有限干扰时，水生生态系统处于相对良好的状态
2≤WQI<3	轻度污染	水当受到一定程度的损伤和干扰时，水生生态系统处于一般状态
1≤WQI<2	中度污染	当受到较大的损伤和干扰时，水生生态系统处于比较差状态
WQI<1	重度污染	当受到严重损伤和干扰时，水生生态系统处于很差状态

3. 评价结果

通过已确定的评价方法、指标进行水生态环境质量评价，并提出水环境压力因素。

7.6.7　评价体系构建

采用生物要素、生境要素、水质理化性质三方面进行水生态评价，其中生物要素的评价是主要内容，根据图7-19选择生物评价的技术路线决定采用生物完整性指数法（IBI）和预测模型法对生物要素进行评价然后对比分析两种评价方法的结果。总体评价体系如图7-24。

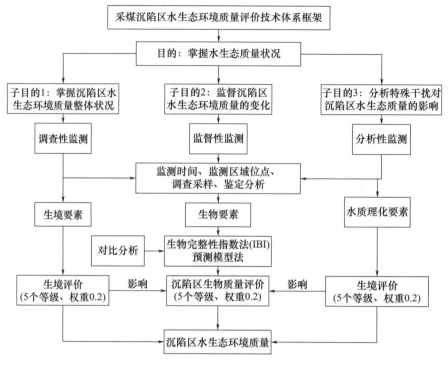

图 7-24 采煤沉陷区评价指标体系

7.7 沉陷水域水生态环境质量评价

7.7.1 生物指标评价

根据采煤沉陷区的特点、所选取的参照位点特点及监测位点底栖动物数据，结果发现在该研究中并不适用预测模型法，主要存在的问题是：

一是预测模型法评估结果的可靠程度与它所依据的样本数量大小有着密切的联系，样本越大，模型往往越可靠。采煤沉陷区的样本量太小，只有 20 个监测位点，且由于采煤沉陷区受人为活动的干扰强度大，无法得到期望值。

二是预测模型法的适用生物主要是底栖动物，理论上是环境变量决定生物分布，即决定生物分布的环境因素存在相当大的地区差异。因此，在建模过程中，与水生生物分布有关的环境因素越多，模型的预测精度就越高。受采煤沉陷区客观情况限制，可用于建立模型的环境变量较少，采用预测模型法精确度不够。

所以本研究生物指标评价采用 IBI 生物完整性指数法评价。计算 IBI 指数采取 95％四分法，95％四分法是基于参照点位的指数值分布 95％是最佳值，低于此值的分布分 5 个等级分步骤进行评分，第一个接近 95％四分法的分数代表受干扰较少的地点，类比参照位点，按照前面所选取的 23 个生物参数指标（表 7-4，N1～N23）进行计算 IBI 指数，IBI 一般按 5 级评分从上到下依次为：优、良、中、差、很差。如表 7-13 所示，水生生物评估等级从最高到最低界定为 IBI 值。IBI 值＞35.84，评价为优，表明水生生态系统很少或根本没有受到干扰，水生态质量是最佳；IBI 值在 26.88～35.84 之间被认为是好的，这意味着水生生态系统的质量不是最佳的，状态相对较好；IBI 值在 17.92～26.88 之间被认为是好的，这意味着水生生态系统的质量不是很好，状态相对一般；IBI 值在 8.96～17.92 之间被认为是不好的，显示出水生生态系统受到相对的损害和破坏质量比较差；IBI 值＜8.96，评价为很差，这表明水生生态系统受到严重破坏，质量非常差。

表 7-13　IBI 评价等级划分标准

IBI 指数	评价等级	分值
＞35.84	优	5
26.88～35.84	良好	4
17.92～26.88	一般	3
8.96～17.92	较差	2
＜8.96	很差	1

根据表 7-13 中 IBI 评价等级划分标准，对区域内 20 个点位的水生态环境质量进行了评价，得出的沉陷水域生物完整性评价结果见表 7-14。整体上采煤沉陷水域枯水期 IBI 指数在 10.25～24.83 之间，丰水期 IBI 指数在 10.65～25.81 之间，等级均在Ⅲ或Ⅳ级，说明采煤沉陷区生物质量分布空间差异较小。但在枯水期，封闭水域水生态质量略优于开放水域。目前采煤沉陷水域 37.5％采样点水生态质量状况为一般，62.5％采样点水生态质量状况为较差，说明开放水域和封闭水域内近三分之二区域的水生态质量存在不同程度的受损。由此可见，研究区采煤沉陷水域水生态系统受损程度轻，但受损面较大，应进一步科学规划沉陷水域水资源利用途径，减少外源输入。

表 7-14　生物完整性评价结果

组数	枯水期			丰水期		
	IBI 指数	等级	赋分	IBI 指数	等级	赋分
C1	21.92	Ⅲ	3	12.83	Ⅳ	2
C2	11.19	Ⅳ	2	14.77	Ⅳ	2
C3	20.93	Ⅲ	3	11.66	Ⅳ	2
C4	18.94	Ⅲ	3	16.42	Ⅳ	2
C5	23.86	Ⅲ	3	13.86	Ⅳ	2
C6	24.83	Ⅲ	3	13.49	Ⅳ	2
C7	20.79	Ⅲ	3	20.91	Ⅲ	3
C8	19.09	Ⅲ	3	22.99	Ⅲ	3
C9	11.05	Ⅳ	2	25.81	Ⅲ	3
Closed 均值	19.18	Ⅲ	3	16.97	Ⅳ	2
O1	14.7	Ⅳ	2	11.99	Ⅳ	2
O2	23.81	Ⅲ	3	21.78	Ⅲ	3

组数	枯水期			丰水期		
	IBI 指数	等级	赋分	IBI 指数	等级	赋分
O3	13.08	IV	2	12.54	IV	2
O4	11.83	IV	2	21.06	III	3
O5	21.96	III	3	11.58	IV	2
O6	12.69	IV	2	12.08	IV	2
O7	13.70	IV	2	13.70	IV	2
O8	14.79	IV	2	10.65	IV	2
O9	10.25	IV	2	13.92	IV	2
O10	12.88	IV	2	11.88	IV	2
O11	12.12	IV	2	13.86	IV	2
Open 均值	12.75	IV	2	12.80	IV	2
总体均值	16.72	IV	2	15.39	IV	2

7.7.2 生境指标评价

对研究区 20 个调查位点的 10 项生境调查指标进行打分评估，结果见表 7-15。栖息地质量根据参考地点栖息地评分分布的 25th 分位数法进行评估，即如果监测点的栖息地质量值高于参考地点栖息地分值分布的 25th 分位数，则栖息地质量为良好，然后将第 25th 分位数以下的分布分成三部分进行评估，即 47.6～71.5 之间的栖息地价值为一般；23.8～47.6 之间为较差；低于 23.8 为非常差。沉陷水域生境评价结果见表 7-15。

表 7-15 各点生境参数评分结果

采样点	生境得分	评价结果	赋分
C1	71	一般	3
C2	69	一般	3
C3	67	一般	3
C4	69	一般	3
C5	44	较差	2
C6	46	较差	2
C7	70	一般	3
C8	69	一般	3
C9	62	一般	3
封闭型沉陷水域均值	63	一般	3
O1	61	一般	3
O2	74	良好	4
O3	78	良好	4

采样点	生境得分	评价结果	赋分
O4	43	较差	2
O5	68	一般	3
O6	46	较差	2
O7	56	一般	3
O8	65	一般	3
O9	42	较差	2
O10	49	一般	3
O11	65	一般	3
开放型沉陷水域均值	55	一般	3
总体均值	61	一般	3

根据以上数据分析可以看出，在沉陷地区，近10%的调查区域状况良好，65%的调查区域状况一般，还有25%的调查区域状态较差，即受到轻微干扰和严重破坏。沉陷区总体看来处于一般状况，但也有部分地区受到的干扰较为严重，已经退化。对各项生境指标分析可知，河岸稳定性、水量和水质普遍较高，表明研究区的大部分地区处于相对良好的状态，生境相对未受干扰，生境状况比较理想。总体来说，底质、生境复杂性和人类活动强度的低分指标表明研究区的底质质量差，生境受干扰程度高，人类活动程度高。这些特征将成为进一步恢复和改善沉陷水域生境工作的主体。

7.7.3　水质指标评价

根据地表水环境质量标准和 M 值法计算，得到沉陷水域各个监测位点的水质情况见表 7-16。总体来说，采煤沉陷区水质基本在Ⅲ～Ⅳ类之间变化，分值基本在 1～3 分之间，封闭水域在枯水期基本可达到Ⅲ类水质，而在丰水期水质有所下降。开放水域在枯水期整体水质为Ⅳ类，少部分为Ⅴ类，丰水期水质则有所恢复，水质在Ⅲ～Ⅳ之间。枯水期封闭水域优于开放水域水质，而在丰水期两种水域水质无明显差异。采煤沉陷水域水质质量为Ⅴ类的位点，其 IBI 生物完整性评价结果也较差；水质评价为Ⅲ类的位点，IBI 评价结果基本在一般的等级，虽然 IBI 生物完整性评价的结果也会受到生境质量的影响，但总体上 IBI 评价结果与水质评价基本符合，说明采煤沉陷水域水体质量会影响生物完整性[48]。

表 7-16　水质评价结果

采样点编号	枯水期		丰水期	
	水质等级	赋分	水质等级	赋分
C1	Ⅲ	3	Ⅳ	2
C2	Ⅳ	2	Ⅳ	2
C3	Ⅲ	3	Ⅳ	2
C4	Ⅲ	3	Ⅳ	2

采样点编号	枯水期		丰水期	
	水质等级	赋分	水质等级	赋分
C5	Ⅲ	3	Ⅳ	2
C6	Ⅲ	3	Ⅳ	2
C7	Ⅲ	3	Ⅲ	3
C8	Ⅲ	3	Ⅲ	3
C9	Ⅳ	2	Ⅲ	3
封闭型沉陷水域均值	Ⅲ	3	Ⅳ	2
O1	Ⅳ	2	Ⅳ	2
O2	Ⅴ	1	Ⅲ	3
O3	Ⅳ	2	Ⅲ	3
O4	Ⅴ	1	Ⅳ	2
O5	Ⅳ	2	Ⅲ	3
O6	Ⅳ	2	Ⅳ	2
O7	Ⅳ	2	Ⅳ	2
O8	Ⅳ	2	Ⅲ	3
O9	Ⅳ	2	Ⅳ	2
O10	Ⅳ	2	Ⅲ	3
O11	Ⅳ	2	Ⅳ	2
开放型沉陷水域均值	Ⅳ	2	Ⅳ	2
总体均值	Ⅳ	2	Ⅳ	2

7.7.4 水生态环境质量综合评价

按照水生态环境质量综合评价公式 $WQI_1 = \sum^n x_i w_i$，其中，水生生物指标、水质理化参数指标、物理生境指标所占权重分别为 0.4、0.4、0.2。根据 WQI 值，水质分为五个等级：清洁（$WQI \geqslant 4$）、干净（$4 > WQI \geqslant 3$）、轻微污染（$3 > WQI \geqslant 2$）、中度污染（$2 > WQI \geqslant 1$）和重度污染（$WQI < 1$），计算结果见表 7-17。

表 7-17 水生态环境综合评价指数中各指标分值及权重

指标	分值范围	建议权重
水生生物指标	1~5	0.4
水质理化参数指标	1~5	0.4
生境指标	1~5	0.2

根据 WQI 综合评价结果可以得出，整体水体生态状况为轻微污染，20 个监测点中 70% 的水体受到轻微污染，水生生态系统受到一定破坏；30% 的水体生态状况为干净，表明其水生生态系统未受损。根据区域划分，封闭型沉陷水域水生态环境相对良好，水生态环境受损情况较轻，但开放型沉陷水体生态环境呈现轻微污染。此外，整个监测区

受季节影响程度不大，除去泥河上游水生态环境在丰水期会从轻度污染转为干净外，其他并无改变（表7-18）。

表 7-18   不同采样点 WQI 和水生态环境质量状况

采样点编号	枯水期		丰水期	
	WQI 值	水生态环境质量状况	WQI 值	水生态环境质量状况
C1	2.6	轻微污染	2.6	轻微污染
C2	2.2	轻微污染	2.2	轻微污染
C3	2.6	轻微污染	2.6	轻微污染
C4	2.6	轻微污染	2.6	轻微污染
C5	2.4	轻微污染	2.4	轻微污染
C6	2.4	轻微污染	2.4	轻微污染
C7	3	干净	3	干净
C8	3	干净	3	干净
C9	2.6	轻微污染	2.6	轻微污染
封闭沉陷水域均值	2.6	轻微污染	2.6	轻微污染
O1	2.2	轻微污染	2.2	轻微污染
O2	2.4	轻微污染	3.2	干净
O3	2.4	轻微污染	2.8	轻微污染
O4	2	轻微污染	2.4	轻微污染
O5	2.2	轻微污染	3	干净
O6	2	轻微污染	2	轻微污染
O7	2.2	轻微污染	2.6	轻微污染
O8	2.2	轻微污染	2.6	轻微污染
O9	2	轻微污染	2.4	轻微污染
O10	2	轻微污染	2.4	轻微污染
O11	2.2	轻微污染	2.6	轻微污染
开放型沉陷水域均值	2.1	轻微污染	2.5	轻微污染
总体均值	2.4	轻微污染	2.6	轻微污染

7.8 小 结

1. 采煤沉陷水域微生物多样性及群落稳定性显著低于天然水域，而封闭型沉陷水域的微生物生态位宽度大于天然水域，开放型沉陷水域的微生物生态位宽度与天然水域无显著性差异。开放型沉陷水域的微生物群落多样性及稳定性大于封闭型沉陷水域，而封闭型沉陷水域的微生物生态位宽度显著大于开放型水域，这种差异是由开放型沉陷水域与天然河流连接并且其人为扰动低于封闭型沉陷水域所引起。开放型沉陷水域的中心物种为 *Bacteroides*、*ZOR*006、*Lactococcus*、*Thiobacillus*，封闭型中心物种为 *hgcl-clade*、*Thiobacillus*。丰水期沉陷水域的微生物群落多样性、稳定性及生态位宽度均高于枯水期，这是由于丰水期沉陷水域的环境条件有利于物种的生长与多样性的维持。

2. 沉陷水域中浮游动物主要有无节幼体、桡足类、枝角类、轮虫和原生动物 5 类；养殖水域水样的浮游植物密度明显大于天然水域和光伏水域，浮游植物种类在天然水域多于养殖区域，光伏水域最低，且养殖水域中浮游植物主要是以硅藻门、绿藻门和隐藻门为主。同时在对鱼类种群的调查研究中发现，天然水域中鱼的种类较为丰富，共 65 种，隶属于 8 目 17 科，其中著名四大家鱼青鱼（*Mylopharyngodon piceus*）、草鱼（*Ctenopharyngodon idella*）、鲢鱼（*Hypophthalmichthys molitrix*）和鳙鱼（*Aristichthys nobilis*）被普遍养殖在采煤沉陷水域。

3. 选择了生物要素为主要内容，其他包括生境要素、水质理化性质三方面的指标，采用生物完整性指数法（IBI）和预测模型法对生物要素进行评价，然后对比分析两种评价方法的结果，构建了一套科学完整的评价指标体系。运用该评价指标体系评价了研究区域沉陷水域水生态环境质量。整体上采煤沉陷水域枯水期 IBI 指数在 10.25～24.83 之间，丰水期 IBI 指数在 10.65～25.81 之间，等级均在 Ⅲ 或 Ⅳ 级，说明采煤沉陷区生物质量分布空间差异较小。生境指标评价结果表明：沉陷水域近 10% 的生态环境状况良好，65% 状况一般，25% 状态较差，即受到轻微干扰和严重破坏。水质指标评价结果表明：采煤沉陷区水质基本在 Ⅲ～Ⅳ 类之间变化，封闭水域在枯水期可达到 Ⅲ 类水质，而在丰水期水质有所下降。开放水域在枯水期整体水质为 Ⅳ 类，少部分为 Ⅴ 类，丰水期则有所恢复，水质在 Ⅲ～Ⅳ 之间。水生态环境质量综合评价结果表明：20 个监测点中 70% 的水体受到轻微污染，水生生态系统受到一定破坏；30% 的水体生态状况为干净，表明其水生生态系统未受损。封闭型沉陷水域水生态环境相对良好，水生态环境受损情况较轻，但开放型沉陷水域生态环境处于轻微污染。

8 采煤沉陷区水资源保护与综合利用

煤矿开采给地表造成的环境问题在淮南潘谢矿区主要表现为地表塌陷，由于地下潜水位较高，积水率也较高。从土地破坏的角度看，地表塌陷为采煤活动的负效应，但从另一角度也带来了区域水资源的聚集。因此，沉陷导致了土地资源向水资源转化。如何将沉陷导致的水资源纳入区域水资源利用规划中，提升矿区水资源保护利用效率，是我国东部高潜水位煤矿区可持续发展的关键。

8.1 采煤沉陷区对周围生态环境的影响

8.1.1 沉陷区附近土壤侵蚀风险评价

煤矿开采给地表环境带来的负面效应很多，土地破坏是其中十分重要的方面，包括沉陷破坏土地和固体废弃物等压占的土地。由于潘谢矿区采煤沉陷地有较多积水，且积水范围和深度成动态变化，不可避免地对沉陷积水区周围土壤结构和区域水文过程通道产生影响，造成土壤侵蚀。选择开放式和封闭式沉陷积水区附近进行现场调查和取样，初步研究和评价了其土壤侵蚀风险。

调查时，分别在沉陷积水区周围共布设了 8 个采样点，分别监测了采样点处的土地利用方式和坡度，分析了样品的含水量和颗粒组成，并结合研究区多年平均月降雨量，应用多因子综合评价法，评价了土壤侵蚀风险。采样点的位置如图 8-1 所示，采样点调查与试验数据见表 8-1，评价结果见表 8-2。

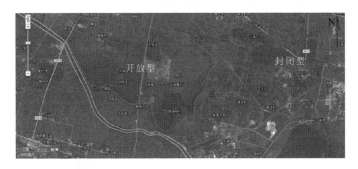

图 8-1　采样位置示意图

表 8-1　现场调查与试验分析结果

调查取样点编号	土地利用方式	坡度	表土黏粒含量（％）	表土含水量（％）
1	耕地	4°	29.27	23.10
2	林地（复垦地）	1°	35.55	27.43

续表

调查取样点编号	土地利用方式	坡度	表土黏粒含量（％）	表土含水量（％）
3	耕地	2°	30.12	24.68
4	耕地	0°	34.31	37.53
5	耕地	5°	31.33	29.14
6	耕地	2°	31.56	29.70
7	裸地	3°	29.98	21.55
8	林地	1°	34.49	34.16

表 8-2　土壤侵蚀风险评价结果

土壤侵蚀度等级	现场调查点	土壤侵蚀风险等级	现场调查点
1	1#、4#、5#、6#、8#	1	4#、2#
2	2#、3#、7#	2	1#、5#、6#
3		3	3#、8#
4		4	
5		5	7#

由调查研究结果可知，目前塌陷区土壤侵蚀度不强，均在Ⅱ级以下，呈现轻微侵蚀迹象。但随着时间的推移，未来沉陷积水区周围土壤有较高的侵蚀风险，7#调查点由于是采煤塌陷废弃地，尚未进行有效的治理或土地复垦，土壤侵蚀风险极高，土地复垦措施可有效降低土壤侵蚀风险。

8.1.2　沉陷区对周围水系水环境的影响

沉陷积水区与周围水系之间能够实现水量互补，尤其对于开放式的沉陷积水区，在周围地表水量丰沛时可作为"汇"，在周围地表水量干枯时可作为"源"，但这种互补是有限的。同时，研究的两个沉陷积水区的水体中氮磷含量较高，水体呈轻度富营养化，在研究区地下水中也发现有类似轻微污染特征出现。因此，若不采取措施，沉陷积水区将在调控周围水系水量的同时，对周围地表和地下水体的水质将造成一定的影响。

8.1.3　沉陷区对周围生态系统的影响

由于地表塌陷积水，沉陷区内陆地生态系统向水生生态系统转变。在沉陷积水区周围，大部分为农田，经土地复垦或农田整理，仍然能够维持或重建原有的生态系统。沉陷水体可溶性盐分并未有明显增加，尽管可与浅层地下水发生联系，但不会造成周围土壤盐渍化风险。而且大部分区域水土侵蚀风险等级不高，陆生生态系统破坏程度变化不明显。沉陷积水区对周围生态系统影响不显著。

8.2 基于资源转化理念的沉陷区水资源利用模式

8.2.1 水资源利用理念

随着潘谢矿区煤炭资源开采，尽管煤炭资源日渐减少，甚至少数矿区接近枯竭，但采煤沉陷为水资源的富集创造了条件，为矿区可持续发展提供了另一种必要的资源条件。目前，沉陷区不仅有了较丰富的地表水资源，而且煤矿采空区将成为有利的蓄水空间。闭坑后的煤矿，各煤层的采空区形成了次生裂隙含水层。由于不同煤层顶底板围岩不同和煤层采空冒落的环境条件不同，次生裂隙含水层的水质及其演化特征尚存在差异，但并不影响对地表水和浅层地下水的开发利用。因此，对潘谢矿区沉陷积水区水资源的开发利用应该本着"资源转化"和"可持续性发展"的理念，在一种资源消失（或减少）时，考虑新的资源带来的区域经济发展和生态环境重建的契机，合理保护和利用沉陷区水资源。

8.2.2 水资源利用途径

据淮南市 2021 年水资源公报，全市总用水量为 20.38 亿 m³。而淮河北岸的用水总量就达 11.17 亿 m³，其中耕地灌溉 3.73 亿 m³，林牧渔畜用水 0.23 亿 m³，火力发电用水 5.99 亿 m³，其他工业用水 0.47 亿 m³，城镇公共和居民生活用水 0.57 亿 m³，生态环境用水 0.18 亿 m³，用水量巨大。尤其是耕地灌溉用水和火力发电用水量较大。全市人均用水量 435 立方米，是同年全省 369.5 m³/人的 1.2 倍，全市国内生产总值约占全省总量的 4.1%，年均水资源总量仅占全省的 1.8%，属资源性缺水严重地区。水资源供需矛盾突出，用水效率亟待提高。且淮南市年际降雨分配不均，水资源调蓄能力弱，"水多、水少、水脏"问题十分突出，从时间上看，受季风的影响，年内降水量主要集中在汛期，大水和干旱年份交替出现，而年内来水又多集中在汛期以洪水形式出现，非汛期河道经常出现断流。淮南市部分河道如东淝河以及瓦埠湖、焦岗湖入湖支流枯水期自净能力差；生态环境遭破坏，河（湖）面及岸坡环境较脏乱，湿地生态功能减弱；生物多样性减弱。市域范围内的瓦埠湖、焦岗湖和高塘湖湖泊水体近几年均呈现轻度富营养化状态。汇水断面水环境质量不能稳定达标，部分月份存在水质超标现象，河流主要超标因子为溶解氧和氨氮，湖泊主要超标因子为总磷。

基于"资源转化"和"可持续性发展"的理念，未来可将潘谢矿区沉陷积水区建设为"沉陷区水库"，以满足淮南市淮河北岸的工农业用水需求，同时可作为淮河水系水资源的"源汇库"（图 8-2），在丰水期减少汛情发生，枯水期保障工农业和城镇居民生活用水需求。

8.2.3 沉陷区水库建设与水资源保护措施

1. 政府和企业等主体应努力实践沉陷区水库建设理念

淮南矿区具有悠久的开采历史，自 20 世纪 50 年代规模型开采以来，至今有 60 多年。以淮河为界，形成了不同格局的地面沉陷区，并具有其形态各异水域特征：淮河以

图 8-2　潘谢矿区沉陷区水库建设示意图

南的东部长条形沉陷区，该区稳沉，开采历史悠久，水域分布范围较小；淮河以南西部长条形块状沉陷区，该区位于城区附近，沉陷水域分布较大，受城市生活污水、开采环境影响。淮河以北沉陷区多为串珠状、片状沉陷积水区域。属于非稳沉区，积水范围大。水质受农业污染、矿区排污、地面干流河道、湖泊，如泥河、花家湖以及次一级的支流等水体的影响。此外，沉陷区包气带与地表水域的交换也是影响沉陷水域的因素之一。

潘谢矿区由于地下潜水位高，采煤的万吨积水率较大，目前形成的积水区面积近 $30km^2$，未来将进一步扩大。而对这部分区域，进行土地复垦成本过高，改变原有对沉陷积水区的理解，本着"资源转化"和"可持续性发展"的理念，进行沉陷区水库建设，合理有效地利用沉陷区水资源。

2. 提前规划设计，分步实施，做好沉陷区水库建设"大文章"

利用沉陷积水区建设沉陷区水库并不是一件容易的事。首先，潘谢矿区沉陷积水区并不连续，因各矿山企业的采煤工作面呈零星分布，而且各沉陷积水区的水位不同；其次，沉陷积水区与潘谢矿区工农业生产布局之间目前并未有良好的联系，水资源结构短时期内很难合理利用；第三，地表水体从来都是开放的，沉陷积水区也不例外，其与地表和地下水体间的联系比较复杂，水量和水质的变化很难控制。第四，目前，潘谢矿区各矿山企业采煤活动仍在继续，大都沉陷积水区都是非稳沉的，积水面积和最大积水深度都在进一步变化，地面防护措施建设存在困难。因此，应尽早规划设计，分步实施，保证建设沉陷区水库目标的实现。这中间需要企业与政府、企业与企业之间联合互动，理清矿山企业生产规划，建立塌陷区和塌陷积水区范围与深度预测，有计划、有步骤地建设水资源保护工程措施。

3. 做好沉陷积水区疏浚清淤和矿区水系整理工作

疏浚清淤是用来改善沉陷水质的重要工程性措施之一，潘谢矿区应结合塌陷区综合治理规划，对塌陷区"挖深垫浅"，分片进行底泥清淤与环保疏浚，清淤深度为 0.3～0.5m，一方面，造地和扩容相结合，增加了农业耕地和城镇的建设用地，扩充了水体的库容；另一方面，最大程度地减少消除底泥有机物及氮磷释放引起的内源负荷，增加水体的环境容量。

另外，受采矿活动制约，此前各塌陷区水资源分布较为零散，水系之间沟通程度较低，塌陷区地表水系科学规划与合理整治对充分发挥水资源的综合利用功能意义重大。因此，需要对潘谢矿区水系进行治理，在标高基本一致的沉陷积水区间开挖疏通渠，标高差异明显的积水区间也开挖沟通渠并建设梯级水量控制水闸，保证水库的总有效库容量。充分利用河流及雨洪资源，对塌陷区域进行水源补充，增加调蓄库容，改善水循环条件，并提高水体自净功能。水系治理的目标是使得潘谢矿区沉陷积水区与淮河水系地表水资源浑然一体，保障汛期蓄水，旱季供水的功能。

4. 建设湿地公园以发挥沉陷区水库的生态功能

建设湿地公园客观上可以改变生态环境，使沉陷积水区原本单一的水生生态系统演替为水-陆复合型生态系统。根据沉陷区特点，依据湿地构造原则，修建净化型、养殖型和景观型湿地。

净化型湿地：构建尾水净化型湿地具有很强的实用性，不但解决了尾水资源化利用问题，还解决了塌陷地复垦利用问题。在长条带状的中度塌陷区（常年或季节性积水在0.5m左右），引种芦苇、香蒲等挺水植物，构建芦苇湿地。在中度或轻度塌陷区常用来建设污水净化型构造湿地。

养殖型湿地可以引种一些沉水植物，要求对水质具有改善作用，可以降低水体中氮、磷、叶绿素含量以及悬浮物浓度，对维持湖区生态系统稳定性具有重要的意义。对于人类活动密集区的塌陷地，构建景观型湿地或者湿地公园。在湿地周围种植如香蒲、菖蒲、鸢尾、水竹等，这些植物不但能起到过滤净化作用，还可以营造亲水环境。

潘谢矿区水系以塌陷湖泊、河流、湿地及鱼塘为主，形态多样，极具特色，具备湿地结构和功能以及良好的湿地公园建设条件。湿地景观区体现了水的分级净化原理和水深不同而产生纷呈的湿地景观，设计完善的排污设施，杜绝污染源进入湿地，同时每天有大量净水进入湖区流动循环，再加上植物的自然净化，水质可常年保持Ⅲ类标准以上。矿区湿地公园的建设对调蓄洪水，防止自然灾害，补给地下水，维持水资源平衡，改善城市生态环境、发挥生态效益起到重要的作用。

5. 建立区域立体水污染控制工程体系

首先需要对矿井水进行综合处理利用，减少矿井水直接排放造成沉陷区水体的污染物积聚。矿井水的综合利用可以有效地缓解矿区供水不足、改善矿区生态环境、最大限度地满足其生产和生活需要。如矿井水在井下分流综合利用，减少地面排放，可以显著减轻对地表水的需求压力。矿区在矿井水利用方面，坚持"全面规划、合理开发、统筹兼顾、高效利用"的方针，大力开展矿井水综合利用，包括井下灭尘、灌浆、矸石山扩堆、喷淋抑尘、场面洒水灭尘、锅炉水膜除尘器用水、绿化及职工洗浴等。保证所有矿井水均经过处理，达到《煤炭工业污染物排放标准》（GB 20426—2006），实现达标排放。

其次，对矿区堆积的固体废弃物进行处理和处置，减少淋溶水中有毒有害物质进入地下水或随地表径流进入地表水体，进而污染沉陷区水体。

再次，对现有地表水体进行修复。现有研究表明潘谢矿区地表水系水体中氮磷含量较高，应根据污染监测结果，有重点地对部分水体进行修复，改善矿区水环境容量。

最后，应控制矿区农村和农业用水向沉陷区水体排放的水质。实行农村居民生活用水的集中处理和排放，对附近农田灌溉排放用水也需要采取相应的措施，借鉴国内大型湖泊流域水质控制工程技术经验，改善沉陷区水体的富营养化。

6. 建立健全动态的水质水量监测体系

在重视水量变化的基础上加强水质监控，以保证用水安全。环保部门应会同相关地区各级政府和部门，编制采煤沉陷水质保护专项规划或实施方案。确定地表水水质管理目标，明确界定治污对象，提出可行的治污方案和措施，确保水源地、输水线路、受水区等水质保护区的水质符合供水要求。建立采煤沉陷区动态管理信息系统。建立矿井开采量及沉降信息系统，沉陷区动态监测系统、水质动态、河湖水位监测和水质预警监测系统、水库供水动态信息系统及水库养殖、植被、生态动态信息监测系统，采煤沉陷区动态管理决策支持系统等，以全方位动态地监测沉陷积水区的水量和水质，适时采取措施进行水量条件和水污染控制，以保证沉陷区水库功能的可持续性发展。

8.3 小　　结

1. 通过对沉陷区附近土壤侵蚀风险评价得出结论。目前塌陷区土壤侵蚀度不强，均在Ⅱ级以下，属呈现轻微侵蚀迹象。但是随着时间的推移，未来沉陷积水区周围土壤有较高的侵蚀风险，土地复垦措施可有效降低土壤侵蚀风险。

2. 沉陷积水区与周围水系之间能够实现水量互补，沉陷积水区将在调控周围水系水量的同时，对周围地表和地下水体的水质将造成一定的影响。在沉陷积水区周围，大部分为农田，经土地复垦或农田治理，仍然能够维持或重建原有的生态系统，大部分区域水土侵蚀风险等级不高，陆生生态系统破坏程度变化不明显。在研究区的环境条件下，沉陷积水区对周围生态系统影响不显著。

3. 建立基于资源转化理念的沉陷区水资源利用模式。基于"资源转化"和"可持续性发展"的理念，未来可将潘谢矿区沉陷积水区建设为"沉陷区水库"，以满足淮南市淮河北岸的工农业用水需求，同时可作为淮河水系水资源的"源汇库"在丰水期减少汛情发生，枯水期保障工农业和城镇居民生活用水需求，提出沉陷区水资源利用模式：以政府和企业等为主体，提前规划设计，分步实施，做好沉陷积水区疏浚清淤和矿区水系治理工作，建设湿地公园以发挥沉陷区水库的生态功能，建立区域立体水污染控制工程体系，配备健全动态的水质水量监测体系，以保证沉陷区水库功能的可持续性发展。

附　　录

附表 1　封闭式沉陷区网格点赋值

网格点	X	Y	地面高程	第一层高程	第二层高程	第三层高程	初始水位
1	79.96894	1465.229	20.80	19.25	9.45	8.25	19.2370
2	150.5298	1385.26	20.80	18.97	9.17	7.97	19.2361
3	249.3149	1300.587	23.00	21.21	11.41	10.21	19.2360
4	348.1001	1225.322	22.10	20.33	10.53	9.33	19.2359
5	423.365	1168.873	22.10	20.28	10.48	9.28	19.2337
6	512.742	1131.241	22.30	20.62	10.82	9.62	19.2313
7	559.7826	1074.792	20.80	19.08	9.28	8.08	19.2201
8	531.5582	999.5272	20.80	19.25	9.45	8.25	19.1986
9	503.3339	914.8542	21.00	19.28	9.48	8.28	19.1793
10	573.8947	877.2218	20.30	18.65	8.85	7.65	19.1742
11	611.5272	787.8447	21.40	19.75	9.95	8.75	19.1603
12	667.9758	717.2839	21.70	19.97	10.17	8.97	19.1537
13	738.5367	674.9474	21.30	20.32	10.52	9.32	19.1459
14	827.9137	623.2028	21.50	19.90	10.10	8.90	19.1379
15	823.2097	505.6014	20.50	18.86	9.06	7.86	19.1318
16	912.5867	472.673	20.80	19.10	9.30	8.10	19.1297
17	1025.484	435.0406	21.30	20.00	10.20	9.00	19.1255
18	1128.973	411.5203	21.00	20.04	10.24	9.04	19.1199
19	1270.095	402.1122	21.20	19.50	9.70	8.50	19.1118
20	1350.064	345.6636	21.20	19.61	9.81	8.61	19.1047
21	1415.921	279.8068	21.30	19.24	9.44	8.24	19.0988
22	1495.89	218.6541	21.40	19.68	9.88	8.68	19.0915
23	1580.563	166.9095	21.40	19.82	10.02	8.82	19.0866
24	1693.46	143.3892	21.20	19.55	9.75	8.55	19.07870
25	1815.765	115.1648	20.20	18.64	8.84	7.64	19.0649
26	1923.959	68.12429	19.50	17.87	8.07	6.87	19.0528
27	2032.152	68.12429	19.10	17.35	7.55	6.35	19.0405
28	2112.121	148.0932	20.90	20.18	10.38	9.18	19.0350
29	2135.641	293.9189	21.00	20.29	10.49	9.29	19.0350
30	2107.417	383.296	21.10	20.29	10.49	9.29	19.0350

网格点	X	Y	地面高程	第一层高程	第二层高程	第三层高程	初始水位
31	2201.498	482.0812	21.20	21.06	11.26	10.06	19.0350
32	2323.803	599.6825	20.50	20.39	10.59	9.39	19.0350
33	2422.588	679.6515	20.40	20.00	10.20	9.00	19.0350
34	2544.894	778.4366	20.00	19.88	10.08	8.88	19.0350
35	2648.383	811.365	21.60	20.77	10.97	9.77	19.0366
36	2737.76	825.4772	20.40	18.36	8.56	7.36	19.0350
37	2761.28	952.4867	20.50	18.24	8.44	7.24	19.0350
38	2780.097	1117.129	20.10	18.39	8.59	7.39	19.0350
39	2662.495	1140.649	20.90	18.94	9.14	7.94	19.0457
40	2544.894	1225.322	21.60	19.99	10.19	8.99	19.0665
41	2511.965	1371.148	20.40	18.60	8.80	7.60	19.0780
42	2380.252	1394.668	20.40	18.60	8.80	7.60	19.0780
43	2206.202	1418.188	23.20	21.40	11.60	10.40	19.0780
44	2135.641	1375.852	21.40	19.60	9.80	8.60	19.0780
45	2050.968	1291.179	20.70	18.90	9.10	7.90	19.0780
46	1975.703	1197.098	20.50	18.70	8.90	7.70	19.0780
47	1947.479	1079.496	20.20	18.40	8.60	7.40	19.0772
48	1956.887	976.007	19.30	17.50	7.70	6.50	19.0758
49	1966.295	877.2218	19.80	18.00	8.20	7.00	19.0746
50	2013.336	778.4366	20.30	18.50	8.70	7.50	19.0739
51	1938.071	811.365	20.30	18.50	8.70	7.50	19.0873
52	1825.173	900.7421	20.90	19.10	9.30	8.10	19.1057
53	1712.276	999.5272	20.70	18.90	9.10	7.90	19.1177
54	1594.675	1093.608	20.70	18.90	9.10	7.90	19.1345
55	1472.369	1182.985	21.00	19.20	9.40	8.20	19.1558
56	1359.472	1267.658	20.80	19.00	9.20	8.00	19.2240
57	1251.279	1357.035	20.90	19.10	9.30	8.10	19.2370
58	1105.453	1460.525	21.10	19.30	9.50	8.30	19.2350
59	964.3313	1526.381	22.00	20.20	10.40	9.20	19.2370
60	818.5056	1564.014	21.50	19.70	9.90	8.70	19.2353
61	677.384	1564.014	22.00	20.20	10.40	9.20	19.2370
62	550.3745	1568.718	21.70	19.90	10.10	8.90	19.2345
63	428.069	1601.646	21.70	19.90	10.10	8.90	19.2370

网格点	X	Y	地面高程	第一层高程	第二层高程	第三层高程	初始水位
64	286.9474	1629.871	21.00	19.20	9.40	8.20	19.2370
65	127.0095	1582.83	20.40	19.24	9.44	8.24	19.2370
66	155.2338	1512.269	19.20	17.23	8.43	7.23	19.2335
67	239.9068	1559.31	19.20	18.05	9.25	8.05	19.2327
68	338.692	1540.494	19.20	18.02	9.22	8.02	19.2305
69	413.9569	1512.269	19.20	18.01	9.21	8.01	19.2284
70	503.3339	1498.157	19.20	17.98	9.18	7.98	19.2272
71	602.1191	1498.157	19.20	18.02	9.22	8.02	19.2269
72	719.7205	1479.341	19.20	18.00	9.20	8.00	19.2185
73	827.9137	1465.229	19.20	18.00	9.20	8.00	19.2166
74	954.9232	1446.412	19.20	18.01	9.21	8.01	19.2207
75	1058.412	1385.26	19.20	16.15	7.35	6.15	19.2184
76	1180.718	1314.699	19.20	18.24	9.44	8.24	19.2196
77	1255.983	1262.954	19.20	18.00	9.20	8.00	19.2164
78	1335.952	1206.506	19.20	18.00	9.20	8.00	19.1931
79	1387.696	1103.016	19.20	18.32	9.52	8.32	19.1592
80	1486.481	1055.976	19.20	18.03	9.23	8.03	19.1398
81	1575.859	980.711	19.20	17.97	9.17	7.97	19.1248
82	1669.94	905.4461	19.20	17.98	9.18	7.98	19.1143
83	1764.021	825.4772	19.20	17.50	8.70	7.50	19.1049
84	1843.99	754.9164	19.20	17.30	8.50	7.30	19.0768
85	1966.295	712.5799	19.20	17.30	8.50	7.30	19.0677
86	2083.896	731.3961	19.20	17.10	8.30	7.10	19.0717
87	2083.896	872.5177	19.20	18.02	9.22	8.02	19.0723
88	2060.376	1027.752	19.20	18.00	9.20	8.00	19.0755
89	2093.305	1154.761	19.20	18.00	9.20	8.00	19.0767
90	2173.274	1267.658	19.20	18.01	9.21	8.01	19.0772
91	2267.355	1333.515	19.20	18.03	9.23	8.03	19.0772
92	2384.956	1295.883	19.20	17.99	9.19	7.99	19.0754
93	2446.109	1197.098	19.20	17.22	8.42	7.22	19.0699
94	2516.67	1112.425	19.20	17.21	8.41	7.21	19.0620
95	2606.047	1041.864	19.20	17.18	8.38	7.18	19.0498
96	2686.016	1027.752	19.20	17.22	8.42	7.22	19.0422

网格点	X	Y	地面高程	第一层高程	第二层高程	第三层高程	初始水位
97	2667.199	928.9664	19.20	17.20	8.40	7.20	19.0408
98	2559.006	905.4461	19.20	17.21	8.41	7.21	19.0452
99	2464.925	867.8137	19.20	17.23	8.43	7.23	19.0485
100	2389.66	816.0691	19.20	17.19	8.39	7.19	19.0492
101	2309.691	750.2123	19.20	17.22	8.42	7.22	19.0494
102	2248.538	665.5393	19.20	17.20	8.40	7.20	19.0483
103	2168.569	599.6825	19.20	17.20	8.40	7.20	19.0514
104	2107.417	533.8258	19.20	17.20	8.40	7.20	19.0551
105	2041.56	486.7852	19.20	17.20	8.40	7.20	19.0608
106	2027.448	402.1122	19.20	17.23	8.43	7.23	19.0568
107	2032.152	308.0311	19.20	17.22	8.42	7.22	19.0488
108	2032.152	213.95	19.20	17.24	8.44	7.24	19.0375
109	1956.887	171.6135		17.00	8.20	7.00	19.0483
110	1839.286	204.5419	19.20	16.60	7.78	6.58	19.0663
111	1726.388	242.1743	19.20	17.23	8.43	7.23	19.0793
112	1627.603	270.3987	19.20	17.18	8.38	7.18	19.0877
113	1538.226	331.5514	19.20	17.22	8.42	7.22	19.0947
114	1439.441	397.4082	19.20	17.18	8.38	7.18	19.1021
115	1354.768	463.2649	19.20	17.25	8.45	7.25	19.1095
116	1251.279	505.6014	19.20	18.71	9.91	8.71	19.1160
117	1138.381	529.1217	19.20	18.56	9.76	8.56	19.1214
118	1025.484	552.642	19.20	17.31	8.51	7.31	19.1269
119	917.2908	599.6825	19.20	18.74	9.94	8.74	19.1328
120	884.3624	703.1717	19.20	17.10	8.30	7.10	19.1386
121	790.2813	754.9164	19.20	16.00	7.20	6.00	19.1460
122	715.0164	839.5894	19.20	17.18	8.38	7.18	19.1572
123	639.7515	952.4867	19.20	17.20	8.40	7.20	19.1750
124	644.4556	1065.384	19.20	17.17	8.37	7.17	19.1891
125	625.6393	1178.281	19.20	17.25	8.45	7.25	19.1984
126	526.8542	1258.25	19.20	17.24	8.44	7.24	19.2115
127	409.2528	1314.699	19.20	17.18	8.38	7.18	19.2218
128	315.1717	1385.26	19.20	17.20	8.40	7.20	19.2257
129	225.7947	1474.637	19.20	17.20	8.40	7.20	19.2292

网格点	X	Y	地面高程	第一层高程	第二层高程	第三层高程	初始水位
130	310.4676	1498.157	19.20	17.19	8.39	7.19	19.2271
131	390.4366	1451.117	19.20	16.69	8.29	7.09	19.2231
132	465.7015	1404.076	19.20	16.54	8.34	7.14	19.2171
133	573.8947	1427.596	19.20	17.52	8.32	7.12	19.2157
134	682.088	1413.484	19.20	17.54	8.04	6.84	19.2095
135	799.6894	1385.26	19.20	17.60	8.10	6.90	19.2034
136	903.1786	1375.852	19.20	17.57	8.07	6.87	19.2095
137	1006.668	1333.515	19.20	16.33	6.83	5.63	19.2012
138	1096.045	1277.066	19.20	17.48	7.98	6.78	19.1988
139	1176.014	1225.322	19.20	18.10	8.60	7.40	19.1953
140	1227.758	1154.761	19.20	18.24	8.74	7.54	19.1769
141	1288.911	1055.976	19.20	17.46	7.96	6.76	19.1544
142	1382.992	976.007	19.20	14.55	5.05	3.85	19.1388
143	1481.777	919.5583	19.20	17.49	7.99	6.79	19.1269
144	1585.267	872.5177	19.20	17.55	8.05	6.85	19.1172
145	1641.715	792.5488	19.20	17.51	8.01	6.81	19.1084
146	1716.98	721.988	19.20	17.55	8.05	6.85	19.1005
147	1787.541	665.5393	19.20	17.50	8.00	6.80	19.0928
148	1909.846	646.7231	19.20	16.74	7.24	6.04	19.0924
149	2027.448	623.2028	19.20	16.88	7.38	6.18	19.0818
150	1947.479	552.642	19.20	15.96	7.46	6.26	19.0693
151	1938.071	472.673	19.20	15.25	6.75	5.55,	19.0736
152	1923.959	383.296	19.20	16.54	8.04	6.84	19.0870
153	1928.663	298.623	19.20	16.48	7.98	6.78	19.0600
154	1834.582	322.1433	19.20	16.50	8.00	6.80	19.0727
155	1731.092	345.6636	19.20	16.50	8.00	6.80	19.0828
156	1646.419	397.4082	19.20	16.50	8.00	6.80	19.0920
157	1547.634	463.2649	19.20	16.48	7.98	6.78	19.0991
158	1458.257	538.5298	19.20	17.08	8.58	7.38	19.1073
159	1359.472	585.5704	19.20	14.89	6.39	5.19	19.1140
160	1260.687	627.9069	19.20	17.10	8.60	7.40	19.1205
161	1147.789	660.8353	19.20	16.46	7.96	6.76	19.1258
162	1039.596	693.7636	19.20	16.50	8.00	6.80	19.1309

网格点	X	Y	地面高程	第一层高程	第二层高程	第三层高程	初始水位
163	959. 6273	783. 1407	19. 20	14. 50	6. 00	4. 80	19. 1387
164	860. 8421	872. 5177	19. 20	16. 48	7. 98	6. 78	19. 1490
165	762. 0569	966. 5988	19. 20	16. 53	8. 03	6. 83	19. 1644
166	752. 6488	1112. 425	19. 20	16. 49	7. 99	6. 79	19. 1781
167	715. 0164	1267. 658	19. 20	16. 48	7. 98	6. 78	19. 1930
168	611. 5272	1357. 035	19. 20	16. 50	8. 00	6. 80	19. 2067
169	799. 6894	1309. 995	19. 20	15. 67	7. 17	5. 97	19. 1930
170	898. 4746	1281. 771	19. 20	15. 75	7. 25	6. 05	19. 1897
171	978. 4435	1248. 842	19. 20	16. 09	7. 59	6. 39	19. 1858
172	1072. 525	1173. 577	19. 20	16. 06	7. 56	6. 36	19. 1759
173	1133. 677	1103. 016	19. 20	15. 70	7. 20	6. 00	19. 1673
174	1194. 83	999. 5272	19. 20	14. 80	6. 30	5. 10	19. 1503
175	1288. 911	938. 3745	19. 20	15. 05	6. 55	5. 35	19. 1394
176	1387. 696	858. 4056	19. 20	13. 28	4. 78	3. 58	19. 1277
177	1505. 298	816. 0691	19. 20	15. 70	7. 20	6. 00	19. 1189
178	1566. 45	740. 8042	19. 20	15. 67	7. 17	5. 97	19. 1102
179	1632. 307	674. 9474	19. 20	15. 72	7. 22	6. 02	19. 1035
180	1702. 868	609. 0906	19. 20	15. 70	7. 20	6. 00	19. 0963
181	1801. 653	557. 346	19. 20	14. 59	6. 09	4. 89	19. 0870
182	1815. 765	453. 8568	19. 20	14. 94	6. 44	5. 24	19. 0814
183	1702. 868	458. 5609	19. 20	15. 70	7. 20	6. 00	19. 0898
184	1641. 715	552. 642	19. 20	15. 68	7. 18	5. 98	19. 0980
185	1557. 042	613. 7947	19. 20	15. 70	7. 20	6. 00	19. 1055
186	1439. 441	679. 6515	19. 20	15. 94	7. 44	6. 24	19. 1128
187	1331. 248	712. 5799	19. 20	15. 72	7. 22	6. 02	19. 1201
188	1218. 35	745. 5082	19. 20	14. 80	6. 30	5. 10	19. 1269
189	1128. 973	769. 0285	19. 20	14. 71	6. 21	5. 01	19. 1317
190	1039. 596	811. 365	19. 20	14. 52	6. 02	4. 82	19. 1384
191	973. 7394	896. 038	19. 20	14. 35	5. 85	4. 65	19. 1456
192	889. 0664	985. 4151	19. 20	16. 08	7. 58	6. 38	19. 1571
193	846. 7299	1079. 496	19. 20	16. 05	7. 55	6. 35	19. 1677
194	799. 6894	1211. 21	19. 20	16. 18	7. 68	6. 48	19. 1826
195	903. 1786	1220. 618	19. 20	16. 16	7. 66	6. 46	19. 1806

网格点	X	Y	地面高程	第一层高程	第二层高程	第三层高程	初始水位
196	964.3313	1154.761	19.20	16.06	7.56	6.36	19.1729
197	1025.484	1093.608	19.20	15.70	7.20	6.00	19.1639
198	1058.412	1023.048	19.20	15.48	6.98	5.78	19.1552
199	1133.677	943.0786	19.20	14.75	6.25	5.05	19.1453
200	1213.646	886.6299	19.20	14.70	6.20	5.00	19.1371
201	1303.023	839.5894	19.20	15.15	6.65	5.45	19.1307
202	1425.329	806.661	19.20	16.05	7.55	6.35	19.1217
203	1100.749	877.2218	19.20	14.60	6.10	4.90	19.1402
204	1011.372	952.4867	19.20	15.68	7.18	5.98	19.1494
205	945.5151	1037.16	19.20	15.66	7.16	5.96	19.1588
206	856.1381	1178.281	19.20	15.64	7.14	5.94	19.1778
207	2112.121	670.2434	19.20	15.68	7.18	5.98	19.0622
208	2140.345	773.7326	19.20	16.70	8.20	7.00	19.0655
209	2154.457	900.7421	19.20	16.67	8.17	6.97	19.0694
210	2154.457	1023.048	19.20	16.72	8.22	7.02	19.0729
211	2159.161	1126.537	19.20	16.75	8.25	7.05	19.0755
212	2220.314	1215.914	19.20	16.74	8.24	7.04	19.0760
213	2304.987	1225.322	19.20	16.68	8.18	6.98	19.0749
214	2342.620	1173.577	19.20	16.70	8.20	7.00	19.0724
215	2403.772	1098.312	19.20	15.70	7.20	6.00	19.0671
216	2469.629	1027.752	19.20	15.70	7.20	6.00	19.0593
217	2399.068	952.4867	19.20	15.74	7.24	6.04	19.0595
218	2319.099	910.1502	19.20	15.68	7.18	5.98	19.0610
219	2248.538	848.9975	19.20	15.70	7.20	6.00	19.0626
220	2210.906	938.3745	19.20	15.61	7.11	5.91	19.0679
221	2225.018	1032.456	19.20	15.62	7.12	5.92	19.0709
222	2253.242	1150.057	19.20	15.72	7.22	6.02	19.0748
223	2295.579	1112.425	19.20	15.64	7.14	5.94	19.0722
224	2347.324	1060.68	19.20	15.62	7.12	5.92	19.0683
225	2286.171	1013.639	19.20	15.69	7.19	5.99	19.0683
226	1377.8464	765.4702	19.20	15.70	7.20	6.00	19.1216

附表 2　封闭式沉陷区网格点赋值

网格点	X	Y	地面高程	第一层高程	第二层高程	第三层高程	初始水位
1	3185.926	2785.365	19.3	19.2	13.3	12.1	19.1183
2	3024.506	2759.877	19.6	19.5	13.6	12.4	19.1191
3	2829.102	2725.894	19.9	19.8	13.9	12.7	19.1184
4	2676.178	2751.381	19.5	19.4	13.5	12.3	19.1170
5	2480.774	2827.844	19.5	19.4	13.5	12.3	19.1138
6	2268.379	2887.314	19.6	19.5	13.6	12.4	19.1084
7	2106.959	2938.289	19.5	19.4	13.5	12.3	19.1017
8	2106.959	3210.155	21.2	21.1	15.2	14	19.0817
9	2123.951	3516.004	21.5	21.4	15.5	14.3	19.0701
10	1937.043	3549.987	21.3	21.2	15.3	14.1	19.0687
11	1716.152	3456.533	21.4	21.3	15.4	14.2	19.0675
12	1469.774	3380.071	20.5	20.4	14.5	13.3	19.0646
13	1333.841	3142.188	21.9	21.8	15.9	14.7	19.0682
14	1214.900	2929.793	21.9	21.8	15.9	14.7	19.0748
15	1121.446	2742.886	21.9	21.8	15.9	14.7	19.0179
16	1189.412	2572.969	21.4	21.3	16.4	15.2	19.0070
17	1308.354	2318.095	21.2	21.1	16.2	15	19.0070
18	1537.74	2258.625	19.4	16.8	11.9	10.7	19.0617
19	1835.093	2190.658	19.4	15.79	10.89	9.69	19.0895
20	1648.186	2046.23	19.4	16.9	12	10.8	19.0710
21	1529.244	1952.776	23.2	19.03	14.13	12.93	19.0216
22	1673.673	1655.423	23.8	21.15	16.25	15.05	19.0661
23	1716.152	1451.524	21.7	20.78	15.88	14.68	19.0895
24	1945.539	1392.053	20.9	18.08	13.18	11.98	19.0990
25	2225.900	1375.061	19.7	19.6	14.7	13.5	19.1054
26	2455.287	1324.086	20.3	20.2	15.3	14.1	19.1095
27	2489.270	1137.179	19.7	19.6	14.7	13.5	19.1023
28	2599.716	1035.229	20.1	20	15.1	13.9	19.0962
29	2820.606	1077.708	20.3	20.2	15.6	14.4	19.1053
30	3033.002	1060.717	21.9	21.8	17.9	16.7	19.1090
31	3100.968	1544.977	22.6	22.5	16.6	15.4	19.1126
32	3143.447	1952.776	23.8	23.7	17.8	16.6	19.1123
33	3194.422	2420.045	23.7	23.6	17.7	16.5	19.1154
34	3041.497	2598.457	19.4	15.26	11.4	10.2	19.1182
35	2837.598	2581.465	19.4	15.11	10.7	9.5	19.1179
36	2514.758	2632.440	19.4	17.54	13.3	12.1	19.1148

网格点	X	Y	地面高程	第一层高程	第二层高程	第三层高程	初始水位
37	2251.388	2725.894	19.4	18.05	13.4	12.2	19.1088
38	1996.514	2785.365	19.4	16.6	12.1	10.9	19.0898
39	1928.547	3099.709	19.4	16.1	11.8	10.6	19.0708
40	1920.051	3388.567	20.9	20.8	16.7	15.5	19.0713
41	1716.152	3295.113	20.8	20.7	16.1	14.9	19.0719
42	1512.253	3184.667	19.4	19.3	14.79	13.59	19.0713
43	1410.303	2997.760	20.9	20.8	16.3	15.1	19.0737
44	1359.328	2810.852	20.6	20.5	15.6	14.4	19.0718
45	1393.312	2615.448	19.4	15.8	10.9	9.7	19.0642
46	1580.219	2530.49	19.4	16.3	11.4	10.2	19.0765
47	1818.102	2471.02	19.4	19.07	14.17	12.97	19.0909
48	2038.993	2360.574	19.4	16.87	11.97	10.77	19.1015
49	2089.967	2173.667	19.4	17.4	12.5	11.3	19.1029
50	1886.068	2003.751	19.4	14.18	9.28	8.08	19.0519
51	1741.640	1893.305	19.4	15.15	10.25	9.05	19.0754
52	1869.077	1723.389	19.4	14.25	9.35	8.15	19.0922
53	2055.984	1621.440	19.4	16.29	11.39	10.19	19.1062
54	2293.867	1604.448	19.4	16.23	11.33	10.13	19.1118
55	2523.253	1570.465	19.4	16.25	11.35	10.15	19.1135
56	2650.690	1400.549	19.4	16.47	11.57	10.37	19.1139
57	2812.111	1298.599	19.4	18.19	13.29	12.09	19.1141
58	2982.027	1383.557	19.4	16.1	11.2	10.0	19.1151
59	2948.044	1706.398	19.4	16.1	11.2	10.0	19.1130
60	2982.027	2037.734	19.4	16.1	11.2	10.0	19.1131
61	2990.523	2386.062	19.4	15.4	11.2	10.0	19.1161
62	2769.632	2428.541	19.4	15.5	11.2	10.0	19.1163
63	2540.245	2488.011	19.4	17.2	13	11.8.0	19.1147
64	2285.371	2572.969	19.4	16.9	12.7	11.5	19.1100
65	2072.976	2632.440	19.4	19.3	15.1	13.9	19.1031
66	1886.068	2725.894	19.4	15.8	11.6	10.4	19.0962
67	1784.119	2980.768	19.4	15.1	10.9	9.7	19.0887
68	1597.211	2997.760	19.4	15.1	10.9	9.7	19.0821
69	1614.203	2810.852	19.4	15.31	11.1	9.9	19.0849

网格点	X	Y	地面高程	第一层高程	第二层高程	第三层高程	初始水位
70	2251.388	2386.062	19.4	15.93	12.3	11.1	19.1084
71	2480.774	2326.591	19.4	16.31	12.6	11.4	19.1131
72	2727.153	2250.129	19.4	16.35	12.7	11.5	19.1152
73	2761.136	2054.725	19.4	16.42	12.7	11.5	19.1146
74	2744.144	1859.322	19.4	16.31	12.5	11.3	19.1141
75	2778.127	1629.935	19.4	16.12	12.1	10.9	19.1139
76	2506.262	1884.809	19.4	16.1	11.8	10.6	19.1130
77	2268.379	1893.305	19.4	16.48	11.6	10.4	19.1090
78	2072.976	1944.280	19.4	16.26	11.2	10.0	19.1019
79	2302.363	2199.154	19.4	17.43	12.5	11.3	19.1094
80	2514.758	2156.675	19.4	16.7	12.5	11.3	19.1135
81	3066.985	941.7753	21.9	17.8	12.6	11.4	19.1086
82	3117.960	1264.616	21	16.9	11.7	10.5	19.1176
83	3177.430	1714.893	21.9	17.8	12.6	11.4	19.1155
84	3262.388	2224.642	21.7	17.6	12.4	11.2	19.1163
85	3313.363	2649.432	20.3	16.2	11	9.8	19.1149
86	3398.321	2836.339	19.3	19.2	14	12.8	19.1016
87	3568.237	2683.415	19.1	19	13.8	12.6	19.1000
88	3678.683	2445.532	19.1	19	13.8	12.6	19.1000
89	3865.59	2343.583	19.3	19.2	14	12.8	19.1041
90	4060.994	2496.507	19.5	19.4	14.2	13	19.1143
91	4239.406	2725.894	19.3	19.2	14	12.8	19.1173
92	4502.775	2725.894	19.7	19.6	14.4	13.2	19.118
93	4800.128	2606.953	20.6	17.5	12.3	11.1	19.1158
94	4885.087	2411.549	20.2	17.1	11.9	10.7	19.1164
95	5105.977	2343.583	21.7	21.6	16.4	15.2	19.1088
96	4995.532	2088.709	21.2	21.1	15.9	14.7	19.1099
97	4927.566	1884.809	20.5	20.4	15.2	14	19.1101
98	4851.103	1655.423	20.8	20.7	15.5	14.3	19.1116
99	4706.675	1451.524	19.5	19.4	14.2	13	19.1198
100	4579.238	1256.120	19.3	19.2	13.6	12.4	19.1285
101	4511.271	1035.229	19	18.9	13.5	12.3	19.1292
102	4502.775	729.3803	20	19.9	14.7	13.5	19.1233

网格点	X	Y	地面高程	第一层高程	第二层高程	第三层高程	初始水位
103	4281.885	856.8173	18.6	18.5	12.6	11.4	19.1279
104	4137.456	686.9013	18.9	18.8	13.4	12.2	19.1295
105	4035.506	483.002	20.3	20.2	15	13.8	19.1290
106	3789.128	364.0608	18.9	18.8	13.6	12.4	19.1275
107	3474.783	372.5566	21.2	21.1	14.9	13.7	19.1184
108	3270.884	559.4642	19.7	19.6	13.4	12.2	19.1155
109	3117.960	746.3719	20.6	20.5	14.3	13.1	19.1000
110	3202.918	1001.246	19.4	16.6	11.1	9.9	19.1148
111	3270.884	1281.607	19.4	16.14	10.7	9.5	19.1199
112	3296.371	1604.448	19.4	17.15	11.8	10.6	19.1191
113	3338.850	1935.784	19.4	18.27	12.9	11.7	19.1179
114	3432.304	2258.625	19.4	17.22	11.6	10.4	19.1173
115	3440.800	2606.953	19.4	16.76	11.2	10.0	19.1110
116	3576.733	2318.095	19.4	17.12	11.6	10.4	19.1156
117	3738.153	2199.154	19.4	15.51	10.3	9.1	19.1178
118	4001.523	2224.642	19.4	16.2	10.7	9.5	19.1193
119	4298.876	2454.028	19.4	16.33	11.3	10.1	19.1219
120	4545.254	2505.003	19.4	16.59	11.6	10.4	19.1225
121	4681.187	2292.608	19.4	17.72	12.7	11.5	19.1207
122	4774.641	2105.700	19.4	17.57	12.6	11.4	19.1156
123	4664.196	1901.801	19.4	17.67	12.3	11.1	19.1169
124	4545.254	1689.406	19.4	16.52	10.9	9.7	19.1215
125	4409.322	1468.515	19.4	16.46	10.9	9.7	19.1263
126	4307.372	1281.607	19.4	16.42	10.9	9.7	19.1284
127	4341.355	1086.204	19.4	16.05	11	9.8	19.1293
128	4103.473	1060.717	19.4	18.36	13.4	12.2	19.1290
129	4001.523	907.7921	19.4	15.94	10.9	9.7	19.1289
130	3874.086	805.8425	19.4	15.87	10.9	9.7	19.1284
131	3721.162	720.8845	19.4	16.05	10.9	9.7	19.1272
132	3508.766	703.8929	19.4	17	11.9	10.7	19.1245
133	3364.338	933.2795	19.4	16.76	11.7	10.5	19.1215
134	3432.304	1239.128	19.4	15.59	10.9	9.7	19.1231
135	3466.287	1578.961	20.4	14.73	10.2	9	19.1223

网格点	X	Y	地面高程	第一层高程	第二层高程	第三层高程	初始水位
136	3559.741	1927.288	23.7	14.4	9.9	8.7	19.1214
137	3831.607	2029.238	28.6	14.1	9.69	8.49	19.1218
138	4103.473	2046.230	19.4	16	11.65	10.45	19.1231
139	4307.372	2258.625	19.4	16.1	11.65	10.45	19.1225
140	4511.271	2165.171	19.4	16.2	11.84	10.64	19.1218
141	4434.809	1986.759	19.4	16.1	11.67	10.47	19.1224
142	4281.885	1782.860	19.4	16.1	11.71	10.51	19.1246
143	4179.935	1604.448	20.9	17.7	13.28	12.08	19.1263
144	4060.994	1426.036	19.4	17.6	13.23	12.03	19.1273
145	3916.565	1239.128	19.4	17.47	12.7	11.5	19.1276
146	3738.153	1086.204	19.4	17.51	12.7	11.5	19.1268
147	3576.733	984.2544	19.4	17.66	12.9	11.7	19.1254
148	3585.229	1290.103	19.4	15.72	10.9	9.7	19.1249
149	3712.666	1553.473	19.4	15.6	10.92	9.72	19.1252
150	3806.12	1867.818	19.4	17.1	12.48	11.28	19.1236
151	4027.01	1833.835	19.4	17.4	12.9	11.7	19.1248

参考文献

［1］ 国家矿山安全监察局.2021 年我国原煤产量 40.7 亿 t 进口煤炭 3.2 亿 t［EB/OL］.（2022-01-18）［2022.1.18］. https：//www.chinaminesafety.gov.cn/xw/mkaqjcxw/202201/t20220118_406880.shtml.

［2］ 编纂委员会中国煤炭志.中国煤炭志：安徽卷［M］.中国煤炭志：安徽卷，1999.

［3］ 淮北市统计局.淮北统计年鉴——2020［EB/OL］.（2021-01-21）［2022.0821］. https：//tj.huaibei.gov.cn/ztzl/tjnj/57011411.html.

［4］ 安徽省统计局.安徽统计年鉴——2020［EB/OL］. http：//tjj.ah.gov.cn/oldfiles/tjj/tjjweb/tjnj/2020/cn.html.

［5］ 安徽省水文局.2019 年安徽省水资源公报［EB/OL］.（2020-07-06）［2022.08.21］. http：//slt.ah.gov.cn/tsdw/swj/szyshjjcypj/119177661.html.

［6］ 何国清.矿山开采沉陷学［M］.矿山开采沉陷学，1991.

［7］ 淮南市统计局.2020 年淮南统计年鉴［EB/OL］. http：//tjj.huainan.gov.cn/content/article/551553301.html.

［8］ 谭志祥，王宗胜，李运江，等.高强度综放开采地表沉陷规律实测研究［J］.采矿与安全工程学报，2008，25（1）：4.

［9］ 黄乐亭，王金庄.地表动态沉陷变形的 3 个阶段与变形速度的研究［J］.煤炭学报，2006，31（4）：5.

［10］ 陈永春，袁亮，徐翀.淮南矿区利用采煤塌陷区建设平原水库研究［J］.煤炭学报，2016，41（11）：6.

［11］ 严家平，程方奎，宫传刚，等.淮北临涣矿区平原水库建设及水资源保护利用［J］.煤炭科学技术，2015（08）：158-162.

［12］ BUKOWSKI P, BROMEK T, AUGUSTYNIAK I. Using the DRASTIC System to Assess the Vulnerability of Ground Water to Pollution in Mined Areas of the Upper Silesian Coal Basin［J］. Mine Water and the Environment，2006，25（1）：15-22.

［13］ YOUNGER P L, WOLKERSDORFER C, ERMITE-CONSORTIUM. Mining Impacts on the Fresh Water Environment：Technical and Managerial Guidelines for Catchment Scale Management［J］. Mine Water & the Environment，2004，23（1 Supplement）：s2-s80.

［14］ HATHEWAY A W. Land Subsidence Case Studies and Current Research；Proceedings of the Dr. Joseph F. Poland Symposium on Land Subsidence［J］. Engineering Geology，1999，54（3）：329-331.

［15］ NIEUWENHUIS H S. Preparing and anticipatory policy on land subsidence induced changes in surface and ground water systems in Friesland［J］. 2005.

［16］ PELKA-GOSCINIAK J, RAHMONOV O, SZCZYPEK T. WATER RESERVOIRS IN SUBSIDENCE DEPRESSIONS IN LANDSCAPE OF THE SILESIAN UPLAND（SOUTHERN POLAND）：The 7th International Conference ENVIRONMENTAL ENGINEERING［C］，2008.

［17］ SHIMIZU M. Application of a large-strain finite element model in predicting land subsidence due to the variation of ground-water level：Land Subsidence Case Studies and Current Research. Proceedings of the Dr. Joseph F. Poland Symposium on Land Subsidence: Association of Engineering Geologists, Special Publication [C], 1998.

[18] 黄乐亭，王金庄. 地表动态沉陷变形的 3 个阶段与变形速度的研究 [J]. 煤炭学报，2006（04）：420-424.

[19] MASOUMI Z, MOUSAVI Z, HAJEB Z. Long-term investigation of subsidence rate and its environmental effects using the InSAR technique and geospatial analyses [J]. Geocarto International, 2022, 37 (24): 7161-7185.

[20] JIANJUN S, CHUNJIAN H, PING L, et al. Quantitative prediction of mining subsidence and its impact on the environment [J]. International Journal of Mining Science and Technology, 2012, 22 (1): 69-73.

[21] PELKA-GOSCINIAK J, RAHMONOV O, SZCZYPEK T. Water reservoirs in subsidence depressions in landscape of the Silesian Upland (Southern Poland) [J]. Environmental Engineering, May, 2008: 22-23.

[22] WINTERS W R, CAPO R C. Ground water flow parameterization of an Appalachian coal mine complex [J]. Groundwater, 2004, 42 (5): 700-710.

[23] 王振红，桂和荣，罗专溪. 浅水塌陷塘新型湿地藻类群落季节特征及其对生境的响应 [J]. 水土保持学报，2007，21（4）：197-200.

[24] 郑刘根，刘响响，程桦，等. 非稳沉采煤沉陷区沉积物-水体界面的氮、磷分布及迁移转化特征 [J]. 湖泊科学，2016，28（01）：86-93.

[25] 范廷玉，王月越，严家平，等. 采煤沉陷区浅层地下水中的营养盐时空分布 [J]. 湖北农业科学，2015，54（21）：5272-5276.

[26] 刘响响. 淮南不同类型采煤沉陷区水体中氮磷元素的分布特征 [D]. 合肥：安徽大学，2015.

[27] 刘思魁. 顾桥采煤沉陷区表生环境中汞的分布特征及来源示踪研究 [D]. 合肥：安徽大学，2021.

[28] 刘朝发，冯银炉，方刘兵，等. 皖北某矿沉陷区地表水与浅层地下水重金属含量特征及影响因素 [J]. 环境科技，2018，31（04）：44-49.

[29] CHEN X, GAO L, HU Y, et al. Distribution, sources, and ecological risk assessment of HCHs and DDTs in water from a typical coal mining subsidence area in Huainan, China [J]. Environmental Science and Pollution Research, 2022: 1-11.

[30] 吴建宇. 封闭式采煤沉陷积水区水环境特征及水质评价研究 [D]. 淮南：安徽理工大学，2018.

[31] ZHENG L, CHEN X, DONG X, et al. Using δ_{34}S-SO$_4$ and δ_{18}O-SO$_4$ to trace the sources of sulfate in different types of surface water from the Linhuan coal-mining subsidence area of Huaibei, China [J]. Ecotoxicology and Environmental Safety, 2019, 181: 231-240.

[32] 张辉，严家平，徐良骥，等. 淮南矿区塌陷水域水质理化特征分析 [J]. 煤炭工程，2008（03）：73-76.

[33] YAO E, GUI H. Characteristics of the main polluting trace elements in the water environment of mining subsidence pools [J]. Journal of China University of Mining and Technology, 2008, 18 (3): 362-367.

[34] DENG X, CHEN G. Characteristics of Water Pollution and Evaluation of Water Quality in Subsidence Water Bodies in Huainan Coal Mining Areas, China [J]. Journal of Chemistry, 2022, 2022.

[35] 童柳华，刘劲松. 潘集矿区塌陷水域水质评价及其综合利用 [J]. 中国环境监测，2009（4）：5.

[36] 刘劲松，严家平，徐良骥，等. 淮南矿区不同塌陷年龄积水区环境效应分析 [J]. 环境科学与技术，2009，32（09）：140-143.

[37] MORRISON K G, REYNOLDS J K, WRIGHT I A. Underground coal mining and subsidence, channel fracturing and water pollution: a five-year investigation: Hobar: In Proceedings of the 9th Australian Stream Management Conference [C], 2018.

[38] 计承富. 矿区塌陷塘水质特征综合研究及模糊评价 [D]. 淮南: 安徽理工大学, 2007.

[39] 贾俊, 高良敏, 尹伶俐, 等. 空间插值在地表水质分析与评价中的应用——以淮南矿业集团潘集矿塌陷水体为例 [J]. 安徽理工大学学报 (自然科学版), 2012, 32 (01): 43-49.

[40] 苏桂荣, 姚多喜, 李守勤, 等. 基于 ARCGIS 的塌陷塘水质特征研究及评价——以淮南矿业集团谢桥矿为例 [J]. 安徽理工大学学报 (自然科学版), 2012, 32 (01): 39-42.

[41] 王成, 顾令宇. 淮南采煤沉陷区水环境影响分析 [J]. 治淮, 2011 (12): 102-103.

[42] 李守勤, 严家平, 戎贵文. 采煤塌陷水域水质演变预测模拟分析 [J]. 煤炭科学技术, 2011, 39 (07): 120-123.

[43] 王业耀, 阴琨, 杨琦, 等. 河流水生态环境质量评价方法研究与应用进展 [J]. 中国环境监测, 2014, 30 (04): 1-9.

[44] 何强, 许冬, 姚丹丹. 煤矿开采沉陷对地表汇流影响分析研究 [J]. 煤炭科学技术, 2015, 43 (08): 140-143.

[45] 张校辉. 绿色开采的理念与技术框架 [J]. 科技展望, 2016, 26 (01): 136.

[46] 何强, 许冬, 姚丹丹. 煤矿开采沉陷对地表汇流影响分析研究 [J]. 煤炭科学技术, 2015, 43 (08): 140-143.

[47] 海俊杰, 苏犁, 张林, 等. 湖南省宁乡县矿山地质环境的保护与治理 [J]. 中国矿业, 2019, 28 (S1): 43-46.

[48] 吴雪茜, 周大伟, 安士凯, 等. 淮南潘谢矿区土地与水域演变趋势及治理对策 [J]. 煤炭学报, 2015, 40 (12): 2927-2932.

[49] 任梦溪. 临涣矿采煤沉陷区地表水环境特征及生态系统健康评价 [D]. 合肥: 安徽大学, 2016.

[50] 范廷玉, 严家平, 王顺, 等. 采煤沉陷水域底泥及周边土壤性质差异分析及其环境意义 [J]. 煤炭学报, 2014, 39 (10): 2075-2082.

[51] 陈从磊, 谢毫, 陈业禹, 等. 淮南迪沟采煤沉陷区水体水质特征与评价 [J]. 水资源与水工程学报, 2021, 32 (02): 58-65.

[52] 汪晨琛, 吴奇丽, 万阳, 等. 淮北临涣采煤沉陷水域浮游植物群落结构特征及其影响因子 [J]. 生物学杂志, 2019, 36 (03): 37-41.

[53] 林志, 万阳, 徐梅, 等. 淮南迪沟采煤沉陷区湖泊后生浮游动物群落结构及其影响因子 [J]. 湖泊科学, 2018, 30 (01): 171-182.

[54] 李兵, 陈晨, 安世凯, 等. 淮南潘谢采煤沉陷区水生态环境评价与功能区划 [J]. 中国煤炭地质, 2020, 32 (03): 15-20.

[55] 全为民, 沈新强, 严力蛟. 富营养化水体生物净化效应的研究进展 [J]. 应用生态学报, 2003 (11): 2057-2061.

[56] 韩谓, 潘保柱, 赵耿楠, 等. 长江源区浮游植物群落结构及分布特征 [J]. 长江流域资源与环境, 2019, 28 (11): 2621-2631.

[57] 李磊, 李秋华, 焦树林, 等. 阿哈水库浮游植物功能群时空分布特征及其影响因子分析 [J]. 环境科学学报, 2015, 35 (11): 3604-3611.

[58] 武安泉, 郭宁, 覃雪波. 寒区典型湿地浮游植物功能群季节变化及其与环境因子关系 [J]. 环境科学学报, 2015, 35 (05): 1341-1349.

[59] REYNOLDS C S. Phytoplankton assemblages and their periodicity in stratifying lake systems [J]. Ecography, 1980, 3 (3): 141-159.

［60］REYNOLDS C S，HUSZAR V，KRUK C，et al. Towards a functional classification of the freshwater phytoplankton ［J］. Journal of plankton research，2002，24（5）：417-428.

［61］孟顺龙，瞿建宏，裴丽萍，等. 富营养化水体降磷对浮游植物群落结构特征的影响［J］. 生态环境学报，2013，22（09）：1578-1582.

［62］邵旭东，李毅超，白禄军，等. 打虎石水库浮游生物群落结构特征及鱼产力评估［J］. 水产科学，2022，41（03）：467-474.

［63］WRIGHT J F，SUTCLIFFE D W，FURSE M T. Assessing the biological quality of fresh waters ［J］. RIVPACS and other techniques. Freshwater Biological Association，Ambleside，England，2000.

［64］SMITH M J，KAY W R，EDWARD D，et al. AusRivAS：using macroinvertebrates to assess ecological condition of rivers in Western Australia ［J］. Freshwater Biology，1999，41（2）：269-282.

［65］王越晗，黄雨露，夏煜，等. 基于文献计量和可视化分析的中国水生态环境治理研究热点与趋势［J］. 长江科学院院报，2022，39（09）：137-143.

［66］FAUSTINI J M，KAUFMANN P R，HERLIHY A T，et al. Assessing stream ecosystem condition in the United States ［J］. Eos，Transactions American Geophysical Union，2009，90（36）：309-310.

［67］阴琨，李中宇，赵然，等. 松花江流域水生态环境质量评价研究［J］. 中国环境监测，2015，31（04）：26-34.

［68］中国环境监测总站. 流域水生态环境质量监测与评价技术指南［M］. 北京：中国环境出版社，2017.

［69］刘麟菲，徐宗学，殷旭旺，等. 基于鱼类和底栖动物生物完整性指数的济南市水体健康评价［J］. 环境科学研究，2019，32（08）：1384-1394.

［70］胡金. 淮河流域水生态健康状况评价与研究［D］. 南京：南京大学，2015.

［71］刘祥，陈凯，王敏，等. 基于O/E模型和化学-生物综合指数的淮河流域关键断面生态健康评价［J］. 环境科学学报，2017，37（07）：2767-2776.

［72］赵江辉，沈国浩，秦伟. 基于熵权综合健康指数法的沂河健康评价研究［J］. 水资源开发与管理，2016（01）：49-52.

［73］宗福哲. 辽河流域水生态健康评价［D］. 沈阳：辽宁大学，2017.

［74］彭斌，顾森，赵晓晨，等. 广西河流水生态安全评价指标体系探究［J］. 中国水利，2016（03）：46-49.

［75］JORDAN W R，GILPIN M E，ABER J D. Restoration ecology：a synthetic approach to ecological research ［J］. Journal of Applied Ecology，1990（4）.

［76］P.，TOMLINSON. The agricultural impact of opencast coal mining in England and Wales ［J］. Environmental Geochemistry & Health，1980.

［77］MOFFAT A J，MCNEILL J D. Reclaiming disturbed land for forestry ［J］. forestry commission bulletin，1994.

［78］POTTER K N，CARTER F S，DOLL E C. Physical Properties of Constructed and Undisturbed Soils ［J］. Soil Science Society of America Journal，1988，52（5）.

［79］SHUKLA M K，LAL R，UNDERWOOD J，et al. Physical and Hydrological Characteristics of Reclaimed Minesoils in Southeastern Ohio ［J］. Soil Science Society of America Journal，2004，68（4）.

［80］A A V，R L. Soil organic carbon pools and sequestration rates in reclaimed minesoils in Ohio. ［J］. Journal of environmental quality，2001，30（6）.

[81] PA COSTIGAN A B R G. The Reclamation of Acidic Colliery Spoil. I. Acid Production Potential [J]. Journal of Applied Ecology, 1981, 18 (3).

[82] W., S., DANCER, et al. Nitrogen accumulation in kaolin mining wastes in cornwall [J]. Plant & Soil, 1977.

[83] ALEKSANDAR, POPOVIC, AND, et al. Trace and major element pollution originating from coal ash suspension and transport processes-ScienceDirect [J]. Environment International, 2001, 26 (4): 251-255.

[84] JIANG G M, PUTWAIN P D, BRADSHAW A D. An experimental study on the revegetation of colliery spoils of Bold Moss Tip, St Helens, England [J]. Acta Botanica Sinica, 1993, 35 (12): 951-962.

[85] 李凤明. 采煤沉陷区综合治理几个技术问题的探讨 [J]. 煤炭科学技术, 2003, 31 (10): 2.

[86] 宋云力, 甄习春, 赵承勇. 河南省矿山地质环境质量评价 [J]. 信阳师范学院学报（自然科学版）, 2008 (01): 93-96.

[87] 吴清文. 矿区开采对土地环境的破坏预测与分析 [J]. 煤矿环境保护, 2002, 16 (3): 56-59.

[88] 刘景凡, 石忠旭. 矿区环境质量模糊综合评价级别法及其应用 [J]. 青岛建筑工程学院学报, 2002, 23 (2): 31-34.

[89] 陈桥, 胡克, 雒昆利, 等. 基于 AHP 法的矿山生态环境综合评价模式研究 [D]., 2006.

[90] 许士国, 刘佳, 张树军. 采煤沉陷区水资源综合开发利用研究 [J]. 东北水利水电, 2010 (8): 4.

[91] 王振龙, 章启兵, 吴亚军. 淮北市采煤沉陷区雨洪资源利用技术研究: 华东七省 [C], 2007.

[92] 张树军, 许士国, 高尧, 等. 淮北市采煤沉陷区非常规水资源开发利用研究 [J]. 水电能源科学, 2010 (7): 5.

[93] ZHANG X, ZHAO W, WANG L, et al. Relationship between soil water content and soil particle size on typical slopes of the Loess Plateau during a drought year [J]. Science of the Total Environment, 2019, 648 (PT. 839-1672): 943-954.

[94] 丁喜桂, 叶思源, 高宗军. 粒度分析理论技术进展及其应用 [J]. 世界地质, 2005, 24 (2): 5.

[95] 毛龙江, 李亚兵, 王计平, 等. 南京江北地区全新世土壤粒度分布及其古环境意义 [J]. 海洋地质与第四纪地质, 2005 (02): 127-132.

[96] 邹友峰, 邓喀中, 马伟民. 矿山开采沉陷工程 [M]. 矿山开采沉陷工程, 2003.

[97] 范廷玉. 潘谢采煤沉陷区地表水与浅层地下水转化及水质特征研究 [D]. 安徽理工大学, 2013.

[98] 刘琰, 郑丙辉, 付青, 等. 水污染指数法在河流水质评价中的应用研究 [J]. 中国环境监测, 2013 (3): 7.

[99] HUANG F, WANG X, LOU L, et al. Spatial variation and source apportionment of water pollution in Qiantang River (China) using statistical techniques [J]. Water Research, 2010, 44 (5): 1562-1572.

[100] 杨磊磊, 卢文喜, 黄鹤, 等. 改进内梅罗污染指数法和模糊综合法在水质评价中的应用 [J]. 水电能源科学, 2012, 30 (6): 4.

[101] 杨斌, 钟秋平, 张晨晓, 等. 钦州湾春季水质营养状况分析与评价 [J]. 中国环境监测, 2013 (5): 4.

[102] 邹志红, 孙靖南, 任广平. 模糊评价因子的熵权法赋权及其在水质评价中的应用 [J]. 环境科学学报, 2005, 25 (4): 552-556.

[103] 周超, 高乃云, 赵世嘏, 等. 上海青草沙水库水质调查与评价 [J]. 同济大学学报: 自然科学版, 2012, 40 (6): 6.

[104] 任晨曦. 兴隆庄采煤塌陷区水质演变趋势及水资源开发利用适宜性研究 [D]. 山东农业大学, 2012.

[105] 华常春, 刘士鑫, 杨斌, 等. 秦淮河、太湖和钱塘江水质比较研究 [J]. 安徽农业科学, 2010, 38 (26): 14569-14570.

[106] PISINARAS V, PETALAS C, TSIHRINTZIS V A, et al. A groundwater flow model for water resources management in the Ismarida plain, North Greece [J]. Environmental Modeling and Assessment, 2007, 12 (2): 75-89.

[107] TESFAGIORGIS K, GEBREYOHANNES T, SMEDT F D, et al. Evaluation of groundwater resources in the Geba basin, Ethiopia [J]. Bulletin of Engineering Geology and the Environment, 2011, 70 (3): 461-466.

[108] HAQUE, M. A, JAHAN, et al. Hydrogeological condition and assessment of groundwater resource using visual modflow modeling, Rajshahi city aquifer, Bangladesh [J]. JOURNAL- GEOLOGICAL SOCIETY OF INDIA, 2012.

[109] 姜体胜, 杨忠山, 王明玉, 等. 北京南部地区地下水氟化物分布特征及成因分析 [J]. 干旱区资源与环境, 2012, 26 (3): 5.

[110] 林婉莲, 王建, 黄祥飞. 武汉东湖水柱浮游颗粒有机碳、氮、磷十年动态 [J]. 东湖生态学研究 (二). 北京: 科学出版社, 1995, 91.

[111] 金相灿. 中国湖泊环境 [M]. 中国湖泊环境, 1995.

[112] 刘建康. 东湖生态学研究 (二), 中国生态系统网络丛书 [J]. 北京: 科学出版社, 1995.

[113] 李夜光, 李中奎, 耿亚红, 等. 富营养化水体中 N、P 浓度对浮游植物生长繁殖速率和生物量的影响 [J]. 生态学报, 2006 (02): 317-325.

[114] 李辉, 潘学军, 史丽琼, 等. 湖泊内源氮磷污染分析方法及特征研究进展 [J]. 环境化学, 2011, 30 (1): 12.

[115] H KANSON L. A general process-based mass-balance model for phosphorus/eutrophication as a tool to estimate historical reference values for key bioindicators, as exemplified using data for the Gulf of Riga [J]. Ecological Modelling, 2009, 220 (2): 226-244.

[116] 李建平, 吴立波, 戴永康, 等. 不同氮磷比对淡水藻类生长的影响及水环境因子的变化 [J]. 生态环境, 2007, 16 (002): 342-346.

[117] 李姗姗, 郭沛涌, 吴龙永, 等. 厦门市石兜—坂头水库水体生物有效磷与叶绿素 a 分布特征及其相关性 [J]. 环境化学, 2011, 30 (2): 7.

[118] MAO, JINGQIAO, CHEN, et al. Three-dimensional eutrophication model and application to Taihu Lake, China [J]. Journal of Environmental Sciences, 2008 (03): 278-284.

[119] 吴雪峰, 程曦, 李小平. 淀山湖浮游植物营养限制因子的研究 [J]. 长江流域资源与环境, 2010, 19 (3): 292.

[120] 李坤阳, 储昭升, 金相灿, 等. 巢湖水体藻类生长潜力研究 [J]. 农业环境科学学报, 2009, 28 (010): 2124-2131.

[121] LEWIS JR W M, WURTSBAUGH W A. Control of lacustrine phytoplankton by nutrients: erosion of the phosphorus paradigm [J]. International Review of Hydrobiology, 2008, 93 (4 - 5): 446-465.

[122] 施玮, 吴和岩, 赵耐青, 等. 淀山湖水质富营养化和微囊藻毒素污染水平 [J]. 环境科学, 2005, 26 (5): 7.

[123] 郑晓红, 汪琴. 淀山湖水质状况及富营养化评价 [J]. 环境监测管理与技术, 2009 (02): 68-70.

[124] MAYER B, WASSENAAR L I. Isotopic characterization of nitrate sources and transformations in Lake Winnipeg and its contributing rivers, Manitoba, Canada [J]. Journal of Great Lakes Research, 2012, 38 (S3): 135-146.

[125] WIDORY D, PETELET-GIRAUD E, NEGREL P, et al. Tracking the sources of nitrate in groundwater using coupled nitrogen and boron isotopes: a synthesis [J]. Environmental Science & Technology, 2005, 39 (2): 539.

[126] WIDORY D, PETELET-GIRAUD E, BRENOT A, et al. Improving the management of nitrate pollution in water by the use of isotope monitoring: the $\delta^{15}N$, $\delta^{18}O$ and $\delta^{11}B$ triptych [J]. Isotopes in Environmental and Health Studies, 2013, 49 (1-4): 29-47.

[127] OHTE N. Tracing sources and pathways of dissolved nitrate in forest and river ecosystems using high-resolution isotopic techniques: a review [J]. Ecological Research, 2013, 28 (5): 749-757.

[128] HEATON T. Isotopic Studies of Nitrogen Pollution in the Hydrosphere and Atmosphere: A Review [J]. Chemical Geology Isotope Geoscience section, 1986, 59 (1): 87-102.

[129] FUKADA T, HISCOCK K M, DENNIS P F. A dual-isotope approach to the nitrogen hydrochemistry of an urban aquifer [J]. Applied Geochemistry, 2004, 19 (5): 709-719.

[130] 王楠, 毛亮, 黄海波, 等. 上海都市农业村域地表水非点源氮素的时空分异特征 [J]. 环境科学, 2012, 33 (3): 8.

[131] 刘春光, 金相灿, 孙凌, 等. 城市小型人工湖围隔中生源要素和藻类的时空分布 [J]. 环境科学学报, 2004 (06): 1039-1045.

[132] 张佳磊, 郑丙辉, 刘录三, 等. 三峡水库试验性蓄水前后大宁河富营养化状态比较 [J]. 环境科学, 2012.

[133] 蒋群, 许光泉, 梁修雨. 主成分和聚类分析应用于淮南矿区地下水水质评价 [J]. 能源环境保护, 2007, 21 (2): 4.

[134] 李传哲, 于福亮, 刘佳, 等. 基于多元统计分析的水质综合评价 [J]. 水资源与水工程学报, 2006, 17 (4): 5.

[135] 姜珊珊, 王佳琪, 孙远佶. 采煤塌陷对水体的影响及治理措施 [J]. 科学之友: 中, 2011 (6): 2.

[136] 阚俊峰, 汪云甲, 秦臻, 等. 徐州采煤塌陷区地质环境评价方法研究 [J]. 煤炭工程, 2011 (8): 3.

[137] 崔娜, 刘晓黎. 对金州沿海地区地下水中氯离子与硬度相关关系的研究 [J]. 环境科学与技术, 2004, 27 (1): 2.

[138] 陈军, 权文婷, 孙记红. 太湖氮磷浓度与水质因子的关系 [J]. 中国环境监测, 2011 (3): 5.

[139] 陈桥, 韩红娟, 翟水晶, 等. 太湖地区太阳辐射与水温的变化特征及其对叶绿素 a 的影响 [J]. 环境科学学报, 2009, 29 (1): 199-206.

[140] 朱广伟. 太湖富营养化现状及原因分析 [J]. 湖泊科学, 2008.

[141] 杨志岩, 李畅游, 张生, 等. 内蒙古乌梁素海叶绿素 a 浓度时空分布及其与氮、磷浓度关系 [J]. 湖泊科学, 2009, 21 (003): 429-433.

[142] 胡春华, 周文斌, 王毛兰, 等. 鄱阳湖氮磷营养盐变化特征及潜在性富营养化评价 [J]. 湖泊科学, 2010, 22 (5): 6.

[143] 吕唤春, 陈英旭, 方志发, 等. 千岛湖水体营养物质的主导因子分析 [J]. 农业环境科学学报, 2002, 21 (004): 318-321.

[144] 吴阿娜, 朱梦杰, 汤琳, 等. 淀山湖蓝藻水华高发期叶绿素 a 动态及相关环境因子分析 [J]. 湖泊科学, 2011, 23 (1): 6.

[145] 王立前，张榆霞．云南省重点湖库水体透明度和叶绿素 a 建议控制指标的探讨 [J]．湖泊科学，2006，18（001）：86-90.

[146] 翁笑艳．山仔水库叶绿素 a 与环境因子的相关分析及富营养化评价 [J]．干旱环境监测，2006，20（2）：6.

[147] 苏耀明，苏小四．地下水水质评价的现状与展望 [J]．水资源保护，2007（02）：4-9.

[148] 郭彦霞，张圆圆，程芳琴．煤矸石综合利用的产业化及其展望 [J]．化工学报，2014，65（7）：2443-2453.

[149] 刘桂建，王桂梁，张威．煤中微量元素的环境地球化学研究：以兖州矿区为例 [M]．煤中微量元素的环境地球化学研究：以兖州矿区为例，1999.

[150] 马芳，秦俊梅，白中科．不同风化程度对煤矸石盐分与 pH 值的影响 [J]．山西农业大学学报：自然科学版，2007，27（1）：4.

[151] 陆垂裕，陆春辉，李慧，等．淮南采煤沉陷区积水过程地下水作用机制 [J]．农业工程学报，2015，31（10）：10.

[152] 中国环境监督总站，辽宁省环境监测中心站．水质．样品的保存和管理技术规定 [S]．行业标准-环保．

[153] 葛涛．淮南煤田煤中全硫含量特征分析 [J]．煤炭科学技术，2010（7）：3.

[154] 刘桂建，杨萍玥，彭子成，等．煤矸石中潜在有害微量元素淋溶析出研究 [J]．高校地质学报，2001（04）：449-457.

[155] 张燕青，黄满红，戚芳方，等．煤矸石中金属和酸根离子的淋溶特性 [J]．环境化学，2014，33（03）：452-458.

[156] 梁冰，肖利萍，陆海军，等．煤矸石在动态淋滤作用下污染物释放规律研究 [J]．水利水电科技进展，2006，26（4）：27-30.

[157] 李松，崔龙鹏，胡友彪，等．煤矸石中有害微量元素的静态淋溶试验研究 [J]．上海环境科学，2004，23（5）：5.

[158] 周辰昕，李小倩，周建伟，等．广西合山煤矸石重金属的淋溶实验及环境效应 [J]．水文地质工程地质，2014（3）：7.

[159] 何保，张莹，李晓丹，等．煤矸石主要污染组分溶出实验研究 [J]．硅酸盐通报，2014，33（9）：6.

[160] 肖利萍，梁冰，陆海军，等．煤矸石浸泡污染物溶解释放规律研究——阜新市新邱露天煤矿不同风化煤矸石在不同固液比条件下浸泡实验 [J]．中国地质灾害与防治学报，2006，17（2）：6.

[161] 艾铄，张丽杰，肖芃颖，等．高通量测序技术在环境微生物领域的应用与进展 [J]．重庆理工大学学报：自然科学，2018，32（9）：11.

[162] 崔祁嘉，王慧．基于高通量测序技术研究再生水对景观娱乐水体中微生物群落及人类病原菌的影响：第十七次全国环境微生物学学术研讨会 [C]，2014.

[163] 沈初盛，刘柳影．PCR 技术在水体微生物检测中的应用 [J]．中国社区医师，2021，37（29）：109-110.

[164] 刘娅琴，邹国燕，宋祥甫，等．富营养水体浮游植物群落对新型生态浮床的响应 [J]．环境科学研究，2011，24（011）：1233-1241.

[165] 刘娅琴，邹国燕，宋祥甫，等．不同营养状态水体中生态浮床对浮游植物群落的影响 [J]．环境科学研究，2015，28（4）：9.

[166] 赵志娟．中国淡水刚毛藻目的系统分类学研究 [D]．北京：中国科学院大学，2016.

[167] 于杰．浮游生物多样性高效检测技术的建立及其在渤海褐潮研究中的应用 [D]．青岛：中国海洋大学，2014.

[168] 魏南. 中国典型河口及内陆水体轮虫分类学研究 [D]. 广州：暨南大学, 2019.

[169] 黄祥飞. 淡水浮游动物的定量方法 [J]. 水库渔业, 1982, 000 (004): 52-59.

[170] 渠晓东, 陈军, 陈皓阳, 等. 大型底栖动物快速生物评价指数在城市河流生态评估中的应用 [J]. 水生态学杂志, 2021, 42 (3): 9.

[171] 许瑞, 邹平, 付先萍, 等. 酸碱度对土著微生物菌剂净化黑臭水的效率及微生物群落结构的影响 [J]. 环境工程学报, 1-13.

[172] Tang X, Xie G, Shao K, et al. Aquatic bacterial diversity, community composition and assembly in the semi-arid inner mongolia plateau: combined effects of salinity and nutrient levels [J]. Microorganisms, 2021, 9 (2): 208.